完美應對客訴的超共感溝通術

"只要做對一件事，再棘手的客訴也能圓滿化解"

山下由美——著　賴郁婷——譯

クレーム対応
最強の話しかた

役所窓口で1日200件を解決！
指導企業1000社のすごいコンサルタントが教えている

前言

一天平息兩百件客訴的說話技巧

客訴的型態每天都在不斷進化

顧客：「我要一個大麥克漢堡。」

店長：「不好意思，我們沒有賣大麥克漢堡……」

顧客：「什麼沒有賣？我明明昨天才看到電視廣告！」

店長：「我們真的沒有大麥克漢堡……」

顧客：「喂！廣告上說全國門市都有提供，你現在跟我說沒有是怎樣？！」

店長：「真的很抱歉，不過……」

顧客：「算了！我直接打電話到你們總公司客訴，你給我記住！」

顧客氣得在櫃檯大聲拍桌子，撂下狠話後便離去。

店員：「當店長真可憐，我們只是工讀生，沒什麼差，可是你就慘了⋯⋯」

店長：「唉，這裡是儂特利，當然沒有賣大麥克漢堡啊⋯⋯」

以上是我用自己最愛吃的大麥克漢堡來當例子，類似這種以前沒想過會發生的客訴，近年來有逐漸增加的趨勢。再加上社群媒體的推波助瀾，應對時只要稍有不慎，很可能就會演變成商業危機。

對於這類客訴，**以舊有的應對方法已經無法處理**。那麼，到底要怎麼應對才好呢？

第一線員工每天都會遇到來自顧客的各種投訴，有些人會激動地大聲咆哮，也有人是預謀性的演戲，目的是為了消遣或是獲得金錢或物品。這些與日俱增的新型客訴，使得應對的員工不斷遭受壓力和挫折，感到心力交瘁。

「這又不是我的責任……」

「錯的明明是顧客……」

「只是一點小疏忽，有必要這樣大聲斥責嗎？簡直是蠻橫不講理！」

正在閱讀本書的你，想必也有這種想法吧。

身為客訴管理顧問，

我的工作就是為了長期因為客訴而飽受困擾的各位，

提供專業的協助和支持。

目前，我除了為企業提供客訴應對指導以外，也會針對平時實際面對顧客的第一線人員舉辦培訓講座。這個活動至今已經持續長達十年了，**每年為八百人傳授客訴應對技巧，十年累計下來已經有八千名以上的學員。**

我在還沒成為客訴管理顧問之前，就對客訴應對十分感興趣，不只在職場上，就連搭乘電車，或是在超商買東西時，只要聽到有人大聲咆哮，就會不顧後果地挺身而出，所以大家都說我是「最強的投訴終結者」。

身為客訴管理顧問，我在企業的培訓講座上最常聽到的煩惱，就是不知道如何應對「大聲咆哮的顧客」。

因此，在培訓的過程中，為了練習同調的技巧（請見第4講），我經常得扮演「咆哮的顧客」。也許是這個緣故，後來我又不知不覺地多了一個「最可怕的客訴管理顧問由美姊」的稱號。

公務員時期累積的應對投訴經驗

別看我現在這樣，以前還是地方公務員時，也經歷過許多不同的部門，跟大家一樣每天面對各種投訴，數量多的時候，包含電話投訴在內，**一天就得處理兩百件投訴。**

當然，我並不是一開始當公務員就擅長應對投訴。

那應該是我開始當櫃檯人員第三個月左右發生的事情，有個氣得滿臉通紅、年紀看起來大約五十幾歲的男子，穿過玻璃自動門，直接朝我走過來。

男子「啪！」地一聲往櫃檯用力一拍，一開口就大聲咆哮道：「你這個靠人民的納稅錢吃飯的傢伙，到底都在做什麼！」整個大廳都聽得到他憤怒的聲音。

接著就是一陣沒完沒了的破口大罵，但他抱怨的內容跟我一點關係都沒有。

然而，當下我能做的，只有低頭任由他罵，靜靜地等他發洩完怒氣……當時別說是一旁的民眾，就連我的同事和主管，也完全沒有人站出來幫我。

公務員領的是人民的納稅錢，這一點是事實，我無以反駁。當時那種無力應對的難堪心情，直到現在我都還記得很清楚。

最後，當我好不容易從長達半小時以上、猶如地獄般的時間中解脫時，真心覺得：**「我又沒有做錯任何事……我恨死投訴了！」**

然而，若是一直不懂得應對，可以想見以後還會再發生同樣的情況，於是我開始思考：「有沒有什麼方法可以妥善應對投訴？」後來，我靠著自學，一步一步地學習同調的鏡射效應等各種心理學技巧，慢慢摸索出一套應對投訴的方法。

在這個過程中，我瞭解到，**人其實是一種情緒性的動物，並不是對於所有事情都能理性地做出判斷和行動**。因此，在面對投訴的時候，無論你解釋得多清楚，對方還是聽不進去。

於是，我對於投訴的看法和應對方式逐漸有了轉變。就在當了二十幾年的公務員之後，我已經很擅長應對各種投訴，甚至變得樂在其中。

由投訴者組成的粉絲俱樂部

後來，我被調到負責稅務的櫃檯。有一天，發生了一件事。

「喂！」我循著聲音抬頭一看，一名男子手中緊握著納稅單，直挺挺地站在櫃檯前，一副居高臨下的樣子看著我。

「我的收入比起去年一毛錢都沒有增加，為什麼今年要繳更多的稅！」

男子把納稅單往櫃檯一丟，開始大聲咆哮了起來。

如果換作是當年還是菜鳥的我，這時一定嚇得不敢抬頭看對方。不過，這二十年來，學習過心理學和腦科學、教練學、即興演劇（Playback Theatre）等各方面知識的我，已經掌握了本書將要介紹給大家的說話技巧。最後，我透過技巧性的應對，只花了十分鐘就讓男子心滿意足地離開。

一個星期之後，有位訪客指名要找我，一問之下才知道，原來他是要來投訴的，但投訴的內容是關於年金方面的問題，並不是我負責的稅務。

對方解釋道：「是M介紹我來的，他說只要找『山下小姐』，事情就能獲得解決。」沒錯，M就是一個星期前對著我咆哮的那名男子。

十五分鐘後，這位訪客也跟M一樣，帶著滿意的笑容回去了。

從那之後，M又陸陸續續介紹了好幾個人來找我（笑），甚至組成了「投訴俱樂部」，不管我調到哪個部門，即使是跟我不相干的業務，他們還是會找我解決。

後來，我萌生了一個念頭：「接到顧客的投訴，其實對企業來說如獲至寶。我想幫助大家，不管是投訴者，還是應對客訴的人。」於是，我結束了長達三十年的公務員生涯，提早退休轉換跑道，直到現在。

現在，我要把平常教導給企業和組織團體應對客訴的正確說話技巧，毫無保留地在接下來的內容中公開。這是一套任何人都能做到的劃時代應對方法。

任何人都辦得到的「超共感術」

這本書所介紹的說話技巧，全都是為了一遇到客訴或是被顧客劈頭痛罵，就嚇到無法反應而感到困擾的人所設計的。實際上，已經有許多企業都導入這些技巧，運用在各種情況中，也證實了它的效果。

1 只需要做一件事。

2 任何人都學得會的簡單技巧。

3 以心理學等原理為基礎，讓你能在應對的過程中一邊確認效果，一邊調整。

簡單來說，**這是一種每個人都學得會，可以當場運用且立即見效的方法。**

不只如此，這套說話技巧在任何情況下都能發揮效果，跟一般限定範圍的應對指南不同。

這套方法不只能平息顧客的投訴，藉由運用在日常生活中，有些人原本緊繃的職場人際關係因此獲得改善；有些原本即將走上離婚結局的夫妻，重新找回了新婚時的親密關係。這套方法讓許多充滿「憤怒」的場合，最後都能開心收場。

現在，希望你也能藉由這套方法，成為應對客訴的高手！

最強（最可怕）的客訴管理顧問　山下由美

二〇一九年七月

目次

第2講 導致客訴情況惡化的最糟糕說話方式

第3講

要做的只有一件事！靠「超共感術」成功化解客訴

第4講

引導顧客說出「是的」的說話技巧

第5講 針對各類型顧客的超共感術實踐方法

第6講

「棘手的客訴」與「惡質客訴」的應對方法

＊本書中所介紹的案例皆為實際的客訴案例，並在個人隱私和保密義務的考量之下，由作者加以改編而成。

第1講

隱藏在客訴中的訊息

投訴的原因很複雜

在討論如何應對以投訴形式表現出來的顧客憤怒之前，讓我們先站在對方的立場稍微想一想，**這些怒氣究竟是從何而來的？**

「煩死了，今天真倒楣！」

相信大家都有過這種忍不住想發牢騷的日子吧？請大家想像自己在這樣的日子裡，發生了一些意料之外的事情。

一大早，家裡的氣氛就不是很好，明明你什麼事也沒有做錯，可是家人的心情看起來都不太好，你只好帶著困惑的心情出門。

平常你都是大口呼吸著早晨清新的空氣，帶著「加油！」的心情一路走到車站，可是今天這十分鐘的路程卻讓你感到很厭世，因為前面的人邊走邊抽菸，煙霧一直朝你飄過來……

「不知道邊走邊抽菸是違法的嗎？」你在心裡嘀咕著，趕在最後一秒衝進擠得像沙丁魚罐的電車。沒想到，站在對面的那個人，耳機一直傳出沙沙的聲音，吵死人了！接著到了下一站，車站人員硬是把乘客往車廂裡擠，你根本不是故意推擠，旁邊的人卻「嘖！」了一聲，還用手肘用力推了回來。

好不容易到了公司，你發現部長一反常態地冷淡。朝會一結束，你就接到客戶的投訴電話，抱怨的內容雖然跟自己無關，卻還是平白被罵了一頓。

到了午休時間，你以為終於可以喘一口氣，到中華餐館用餐，沒想到老闆搞錯了，送來的炒飯上加了你最討厭的香菜……

此刻，你的忍耐已經到了極限，呼吸變得急促，心跳和血壓急速飆升，怒氣瞬間爆發，忍不住對店員大聲咆哮道：

「喂！這又不是我點的東西，你在搞什麼啊！」

如果是平常遇到這種情況，你頂多就是聳聳肩，心平氣和地提醒店員，餐點做錯了。可是今天，因為前面發生的種種不如意的事情，讓你忍不住大發雷霆。造成你諸事不順的導火線之一的那名店員，成為你累積了一整天怒氣的發洩對象。

從以上的例子可以知道，**在顧客爆發憤怒之前，其實都已經累積了很多情緒，**

包括不滿、不愉快、厭惡、不開心、不安等。除此之外，還有因為不合理和倒楣所產生的鬱悶，例如「又不是我的錯」等。各種情緒交錯作用之下，最後以憤怒的形式表現出來。

「你」是對方唯一的救星

雖然那位不小心點燃你的怒火的店員很可憐，不過，你的這些反應很正常。接連遭遇了意想不到的事件，飽受壓力的你，身體早已進入備戰狀態。也就是說，在原始本能的驅使之下，你整個人已經進入「必須立刻徹底擊退敵人！」的狀態。

在這種狀態下，一般人很難用理性來控制自己的情緒。

讓我們再回到被投訴者的角色。

現在，你的面前正站著一位大聲咆哮的顧客，他就跟前文提到的例子一樣，心裡累積了很多情緒，積壓已久的鬱悶已經瀕臨忍耐的極限。

在你面前失控的他，已經無法靠自己恢復冷靜。

也就是說，**顧客的咆哮是因為他自己無法應對不斷產生的壓力和意外狀況，於是無助地對外發出的求救訊號。**

也許你會覺得很意外，但這時候**能夠更為他平息怒氣、恢復冷靜的人，只有發洩怒氣的對象，也就是被投訴的你。**

求救訊號的表現方式因人而異

就算是內心快要承受不住壓力，想要對外求救，也用不著生氣罵人吧？只要開口求助，不就行了嗎？

也許各位會這麼想。事實上，我以前也是這麼想的。

但是，隨著處理投訴的經驗愈來愈多，有一天，我終於理解他們為什麼會這麼做了。

其實，發飆的當事人根本不知道「自己正在發出求救訊號」。

在河裡溺水的人知道自己需要幫助，當然不會對前來相助的人大聲斥責。

但是，被自己的情緒淹沒的人，通常都不會知道自己需要幫助，所以才會一股腦兒地對著你發洩怒氣、大聲咆哮。

面對即將溺斃的人，不管對方是誰、當下的情況如何，難道你會不願意伸出援手嗎？況且現在能拯救對方的人，就只有你而已。

救人的第一步是「掌握情況」

一旦你決定要出手救援正在氣頭上（其實是處於無助狀態）的顧客，這時要注意的是，救人必須同時做好「心態」和「技能」上的準備，兩者缺一不可。

即便是專業的救援隊，在拯救溺水者時，也需要具備救人的心理準備和技能。

關於救人的技能，大家可能想像得到，可是說到「心態」，大家就毫無頭緒了。

救人時需要的心態，就是「只有自己能救對方」的熱情，以及「自己也要平安脫困」的冷靜。

專業的救援隊每天都會進行技能訓練，為的就是在面對嚴峻的情況時，也能順利救出受困者。但是，他們並不會隨意地出動救援，有時候為了避免二次災害，甚至還會暫停出動。

同樣的，為了幫助眼前的顧客，首先你要做的第一步，就是**掌握對方的情況**。對方是針對什麼事情？遇到什麼樣的困難？或是個惡劣顧客，故意大吵大鬧，想要找碴。又或者單純只是因為驚慌而講話大聲了一點……

要做到正確分辨，除了訓練自己的觀察力之外，各家企業和個人也必須擁有判斷標準。尤其是分辨惡劣顧客的方法，這部分在第6講中會有更詳細的說明。

當然，就跟救援隊一樣，只有掌握情況是救不了對方的，還必須要有平息憤怒、提供協助的具體技能。關於這些技能的養成與訓練，就留待第3講和第4講再為大家介紹。

「笑容」反而會讓對方更生氣

大家是不是以為「面對任何顧客都要保持心平氣和，臉上隨時掛著笑容，才是專業的待客精神」、「笑容是能平息對方怒氣的最強技巧」呢？**其實這是大錯特錯的觀念！**被罵了還不由自主地陪笑，這樣的人還真不少。

如果是平常的話，笑容的確是最有用的武器，可是這一招對正在氣頭上的人來說，根本沒有用。非但如此，大部分的人反而會因此更生氣，覺得：「我都氣成這樣了，你竟然還笑得出來！」

其實，**當對方正在氣頭上時，最有用的武器不是「笑容」，而是「驚訝」**。

顧客的憤怒只是我們在表面上看到的情緒，背後還包含很多不一樣的情緒。所以，這時候如果你能「表現得比對方更困擾、更驚訝」，就能讓對方的情緒稍微冷靜下來，因為這會讓他下意識地覺得：「這個人知道我在氣什麼！」

當顧客的怒氣因為這一瞬間的「驚訝」而稍微平息之後，接下來你就要開始去想像對方「求救」的內容。

切記，千萬不要針對顧客表面上的情緒或是當下抱怨的事情做出反應，因為他真正的情緒和期望藏得更深，就連他自己也沒有察覺到。

惡劣顧客愈來愈多的原因

被顧客表面上的情緒給誤導，用「想辦法讓對方氣消了就沒事了」這種便宜行事的錯誤方式來應對客訴，對自己和公司而言，反而是在自掘墳墓。後果之一就是惡劣顧客會愈來愈多。

有一次，有個「專業惡劣顧客」來聽我的講座。這些被稱為專業的人，雖然所作所為是錯的，但是他們用功的程度，還是不禁讓我感到佩服。當然，光是佩服是不行的，從那之後，我就變得特別注意聽眾的身分……

當時，那名惡劣顧客竟然跟身邊的其他聽眾吹噓，自己知道「靠投訴獲得一整箱拉麵的方法」，我也是因為這樣才知道他是專業惡劣顧客。巧的是，我正好也遇過同樣的經驗，聽他說完後才知道：「原來這麼做會讓人變成惡劣顧客！」以下就是那名惡劣顧客的「作案手法」，僅供參考（請千萬不要模仿！）。

超市裡通常有賣那種兩包入的半熟拉麵，對吧？有時候，我們會遇到（真的只是偶爾）裡面的麵條已經變成黃色，或是包裝袋口沒有封好而打開了的情況。

根據專業惡劣顧客的說法，如果在超市買到這種瑕疵品，絕對不能向購買的超市反應，而是要直接向「製造商品的企業」投訴，「這麼一來就能免費得到一整箱全新的商品」。

假設對方公司只是空手前來道歉，或者只給了同樣的商品，「這時候，你只要說『人家〇〇公司可是抱了一大箱東西來道歉呢！』，就能得到一整箱的東西。」惡劣顧客一臉得意地說道。

我在幾年前也有過這種經驗，一打開買來的拉麵的外包裝時，發現裡面的麵條已經乾掉，兩端都變成黃色了。由於還在保存期限內，所以不是超市的責任。我心想，應該趕緊聯絡製造商品的廠商，於是打了廠商的「客服電話」，把情形告訴對方。

大約過了一個小時左右，有位自稱是該公司主管的人，抱著一個放了四、五種拉麵的大箱子，來到我家道歉。

對方確認了瑕疵商品之後，將那一大箱拉麵推到我面前，說：「真的非常抱歉，這是一點心意。」

「壞掉的只有一包而已，你不必給我這麼多！」

「不不不，這是應該的！」

雖然我再三婉拒，對方還是半強迫地要我收下那一整箱的東西。

「根本不必做到這種地步……」這件事一直留在我的腦海裡，直到後來聽到那名專業惡劣顧客吹噓自己的經驗時，我才瞭解原來那種過度的應對，反而會被惡劣顧客拿來利用。

正因為有企業會做出那種過度的應對，才會造成專業惡劣顧客愈來愈多。

超出顧客服務常理的應對是一把雙面刃，它可能會讓一般的顧客感到開心，變成常客，但同時也會催生出惡劣顧客。

有過一次經驗之後，**顧客就會把它當成是自己「應得的權利」，認為「下次也應該得到同樣的對待」**，這是很自然的現象。再加上如今社群媒體普及，這種作法很可能會被封為「神應對」，在網路上被廣泛分享。一旦其他顧客也知道了，就會期待得到同樣的對待。這是理所當然的事情，無關乎有沒有惡意。

到最後，隨著案例愈來愈多，也會開始出現顧客故意要求更多的情況。

如果你逃避面對顧客的憤怒，對方就會把它當成是自己的權利，鎖定你來提出要求。敷衍了事的討好，最終只會自食惡果。

希望所有的第一線人員和企業主都能將這一點銘記在心，用最謹慎的態度妥善應對客訴。

常見的錯誤應對

透過前文的說明，相信大家都已經知道，為了平息顧客的怒氣而做出過度的應對是錯的。

此外，**在第一線人員和企業之間，還存在許多「面對顧客的投訴，只要這麼做就行了」的錯誤觀念。**也許大家都是出於好意，卻反而做出激怒顧客的舉動。

以下就讓我們來看看幾個常見的錯誤應對方式。

錯誤應對 1 用冷靜的態度面對顧客的咆哮

一般的客訴應對會教你「就算顧客大聲咆哮，自己也要冷靜應對」。可是，當你照著做之後，卻發現對方的怒氣不減反增……應該很多人都有這種經驗吧？

這也難怪了，因為你愈是冷靜應對，只會讓顧客覺得：「我都已經告訴你問題有多嚴重了，你還聽不懂嗎？」

事實上，面對顧客的咆哮，雖然你的內心必須保持冷靜，但表現出來的態度千萬不能冷靜。

錯誤應對2 試圖解釋，傳達正確的訊息

如果顧客是因為誤會而生氣，應對的人通常會覺得「又不是我們的錯」，於是忍不住拚命想要跟對方傳達正確的訊息。但是，這種作法在客訴的初期應對階段，其實並不恰當。

人在生氣的時候，不論你說再多的道理，在他聽來都會覺得「說那麼多都是藉口」、「你根本沒有考慮我的感受」，只會讓他的怒氣愈燒愈旺而已。

另一種意外棘手的顧客類型，是乍看之下冷靜，「以道理攻擊的人」。這類顧客通常對自己的論點都相當有自信，而且很想讓對方認同自己。對這種激動地想得到認同的人傳達正確的論點，等於是在指責他：「你說錯了。」

面對這種人，千萬不能提到「不過」、「可是」、「所以」這類否定他的說法，或是強迫他屈服的用詞，因為這類用詞會讓他覺得自尊心受傷，反而讓情況變得更棘手。

錯誤應對❸ 不停道歉

面對客訴，第一時間一定要做的事情，當然就是道歉。即便是顧客的誤會或是故意刁難，若是沒有馬上道歉，事情就會沒完沒了。

雖然這麼說，但是也不建議一直道歉到顧客氣消為止。**一方面是這麼做會耗**

費太多時間，另一方面是因為就算對方不再抱怨，也不表示他心中的怒氣會跟著消失。

若是無法平息對方的怒氣，說不定他過一陣子之後又會再來投訴，或是再也不上門光顧，讓你從此失去一位重要的顧客。

另外，不停道歉卻沒有提出任何辦法，有時候也會讓顧客覺得「沒有誠意」而更加火大。甚至有些顧客會認為「你道歉的話，就表示我是對的」，說不定還會藉機提高要求。

錯誤應對4 輕易聽信顧客的「在其他店家都可以」的說法

孩子在向父母討要東西或是許願時，經常會用到「大家」、「每個人家裡」、「同學、朋友」等表示「所有人」的說詞。例如：「大家都有」、「每個人家裡都是這樣」、「同學的爸媽都有買給他」等。

但是，這時候如果你冷靜地問孩子：「『大家』是指誰？」「『每個人家裡』是指什麼樣的家？」「『同學』是哪一個？叫什麼名字？」

他可能會用「反正就是這樣啦」來閃避回答，要不就是惱羞成怒：「很煩欸！問那麼多做什麼……」

這種「所有人」的說法，大多只是根據自己周遭半徑五公尺範圍內的「一般人」，或是不自覺地選擇了有利於自己的「大家」來做為根據。

類似的說詞在客訴中也很常聽到，像是「別的店員都會這麼做」、「在其他分店都可以」等。

實際上，我也常在講座中被問到：「**面對顧客說『其他店家都可以，為什麼你們就不行』，實在很難拒絕……**」

不過，遇到這種說詞，你千萬不能屈服而答應對方的要求。

正如前文所說的，當對方有了一次靠著耍無賴而成功達到要求的經驗之後，可能就會認定這是自己應得的權利。

若是第二次也成功，一般人就算不是出於本意，也很可能在不自覺間變成惡劣顧客，這是很常見的情形。

錯誤應對⑤ 傾聽正在氣頭上的顧客抱怨

這也是客訴應對時很常見的錯誤之一，實際上，在很多第一線的應對上，都會這麼教。

確實，專心聆聽對方的意見，也就是「傾聽」的手法，在指導、諮商等其他場合中的效果也許不錯。

但是，**當對方已經變得情緒化，或是個性蠻橫不講理，這時候「傾聽」就會帶來反效果。**說白一點就是在浪費時間。

這是因為，人在憤怒和不滿的情緒下所說的話，可能連自己都不會記得。

這時候，就算你專心傾聽，正在氣頭上的顧客卻話一說完就忘記自己剛剛說了什麼，然後又跳針般重講一遍，不然就是說出跟剛剛完全相反的情況，根本沒完沒了。

客訴應對的「錯誤方法」——總整理

✖**提供過度的服務**

顧客的心態：投訴可以得到好處。

✖**用冷靜的態度面對顧客的咆哮**

顧客的心態：自己的感受沒有得到理解。

✖**試圖解釋，傳達正確訊息**

顧客的心態：藉口？反駁？

✖**不停道歉**

顧客的心態：自己果然是對的。

✖**輕易聽信顧客的「在其他店家都可以」的說法**

顧客的心態：賺到了！

✖ 傾聽正在氣頭上的顧客抱怨
顧客的心態：愈說愈生氣。

為了協助他人，有必要讓自己連心靈都受到傷害嗎？

在面對被顧客責罵等他人的憤怒情緒時，每個人心裡多少都會受傷。即使那些責罵實際上是對方的求救訊號，還是會讓人難以釋懷。

甚至，如果在傷害尚未癒合之前，又被其他顧客飆罵，也許心裡會感到更加疲憊無力。

事實上，在我的講座裡，有**很多學員是第一線的銷售員和電話客服人員，都因為顧客的強烈投訴，精神受到傷害。也有上班族因為無力反抗上司的職場霸凌，最後選擇封閉自己的心靈。**

面對自己的遭遇，這些人都曾經自責地提到：「也許我自己也有責任吧？」

顧客的憤怒和上司苛薄的言語，也許是對你發出的求救訊號。但即使你無力回應這些求救訊號，也不必讓自己受到傷害。

學會本書介紹的「超共感術」（又稱為「『是的』說話術」）之後，你就能帶著熱情，自然地面對「對方的求救訊號」。而且，你還能同時做到「以專業的態度回應對方的求救訊號」，「維護並提升自己的尊嚴」。

請記住，**客訴應對不是被動的，也不是充滿負面情緒，**而是一件非常有意義的工作。透過它，你可以改變對方的人生、公司的生意，有時候甚至是改變社會的樣貌。

別再因為不甘心而失眠，或是整晚以淚洗面了。心靈受到傷害、感覺到壓力的時候，請記得帶著微笑入睡。大家都以為「不開心當然就笑不出來」，事實上，我們的大腦運作機制不只會「開心而笑」，還會「笑著笑著就開心了」。

所以，記得用最美好的笑容迎接新的一天，然後對著向你發出求救訊號的人伸出援手吧！

案例1 處理「顧客意見」，意外促成了一座橋的興建

很多小型零售店都設有「顧客意見留言板」，顧客只要把期望或是投

訴內容寫在店家提供的小卡片上，店家就會將小卡片連同答覆一併張貼在留言板上。

一般常見的顧客意見有「希望〇〇可以再進貨」、「負責收銀的〇〇〇態度很差」等，偶爾也會看到一些讓人不禁覺得「這種事就乾脆忽視算了」的投訴內容。

但是，即便是這種讓人想當作沒看到的投訴，有時候改變應對方法，也有可能帶來正面的結果。接下來的例子就是某家超市針對「顧客意見」所做的應對處理。

某家大型超市收到一封顧客意見函，上頭寫著：「笨蛋去死！」面對這種情況，一般人大多會當成「惡作劇」而直接忽視，可是這一次，有個員工很好奇究竟發生了什麼事，於是回覆：「很抱歉，您只寫了『笨蛋去死！』，我們不太明白其中原因。方便請教究竟發生了什麼事嗎？」並且將回覆張貼在留言板上。

幾天後，留言的當事人回覆了。

「我是留言『笨蛋去死！』的人。我會這麼留言，是因為你們的警衛態度很差，要我們『以後不准再來！』。根本就是看我們是高中生好欺負，把我們當成笨蛋！」

員工進一步留言詢問：「可以告訴我們事件發生的日期、時間，以及詳細經過嗎？我們想瞭解事件發生的原因。」對方回覆：「事情發生在五天前的下午三點左右，我們在腳踏車停車場被你們的警衛罵。」

超市隨即確認是不是真的有警衛在那個時間對高中生咆哮，果然，有人主動承認：「應該是我。因為當時他們一群人聚集在停車場，我擔心他們要做什麼壞事，所以把他們趕走。」

對此，主管指導說：「就算他們群聚，你也不能因此就罵人。你這種因為對方是孩子就隨便罵人的態度是不對的，請好好跟對方道歉。」

隔天，超市立刻就在「顧客意見留言板」上張貼警衛的道歉函。

「關於這次的事件，我沒有確認清楚情況就口出惡言，實在很抱歉。今後我們會更加謹慎，以提供更舒適的購物環境。期待您今後的光臨。」

沒想到，這意外地開啟了溝通的契機，許多看到這則回覆的顧客也紛紛提出自己的意見，甚至有人提到：

「我每次來這裡買東西都是騎腳踏車，高架橋那一段路因為是人車共用，好幾次都差點撞上路人，非常危險。希望你們可以增設一條自行車專用道。」

這種事情不在超市的工作範圍內，當然也可以不必回應，不過，他們還是很慎重地做出回覆：

「感謝您長久以來的支持，讓您特地大老遠地騎腳踏車來光顧，實在非常感謝。很遺憾的是，道路規畫屬於政府機關的管轄，我們無法插手。您可以向公家機關提出您的意見。」

提出意見的顧客也回覆：「我明白了！我會向都發局提出意見。」

一年後，超市門口竟然真的增設了一條自行車專用橋梁。雖然這稱不上是「蝴蝶效應」，不過，正因為超市認真面對客訴的態度，最終才促成了行政機關的行動。

第2講

導致客訴情況惡化的最糟糕說話方式

明明是在幫顧客解決問題，為什麼對方變得更生氣？

處理客訴時，有一種很常見的情況是，明明自己很努力想為對方解決問題，結果卻害對方變得更激動。

有時候甚至不管自己說什麼，對方都聽不進去，擺出一付完全拒絕溝通的態度。其實顧客會變成這樣也是有原因的。

那就是，**你「提出的回應」，並不符合顧客「求救」的內容。**

舉例來說，顧客只是想得到一個道歉，可是店家卻擺出一付「囉哩囉嗦的，好啦好啦，給你錢總行了吧」的態度，只想用錢解決問題。這麼做很可能會導致顧客突然間暴怒，氣得大罵：「你別瞧不起人！」這種場景在電視劇裡也很常出現。

不只是電視劇，實際在處理客訴的時候也是如此，稍不留意就會發生這種誤會對方意思的情形。接下來的案例就是如此。

案例2　顧客真正想要的是什麼？

有個顧客來到店裡，一臉焦急地說：「我前幾天才買的電腦沒辦法開機了！」

負責應對的店員二話不說，馬上為對方更換新機：「我們會寄新的給您，再麻煩您以貨到付款的方式，幫我們把壞掉的那台電腦寄回來，可以嗎？」說完便開始準備填寫資料。

「我不是這個意思……」顧客的情緒很明顯地開始焦躁了起來。

對大部分的顧客來說，比起維修，直接換一部新電腦當然更開心。既然店員都已經提供最好的解決辦法了，為什麼顧客還要生氣？

到最後，連店員也開始覺得不耐煩了。

在這個例子當中，店家可能是把對方當成惡劣顧客看待，但事實上，這位顧客只是因為工作的關係，必須馬上使用電腦，沒辦法慢慢等新的電腦寄來。

顧客發出的求救訊號是「電腦無法開機」，但是他「希望得到的解決辦法」並不是換一台新電腦，而是馬上有電腦可以使用。

假使店家能瞭解到這一點，在新電腦寄到之前，先提供一台電腦給對方使用，或是盡快幫對方把電腦修好，並且派人直接送到家，事情應該就能圓滿解決了。

投訴的顧客都是因為「想幫店家變得更好」

瞭解顧客真正的需求固然重要，但店家不必對顧客的所有期望全都做出回應。面對居心不良的要求，請一定要堅定地拒絕。

不過，就算要拒絕，也要先瞭解顧客真正想要的答案，這是控制對方的怒氣不再上升的關鍵。

面對怒氣衝衝的人，一般人都會反射性地認為「對方是來者不善」。但實際上未必如此，這一點必須牢記在心，否則很容易誤解顧客的需求。很多時候，顧客表面上看起來很生氣，但內心都是帶著「善意」。

人的心裡總是懷著各種「想要〇〇」的念頭，首先是「想要被愛」、「想要愛人」，當這些念頭實現之後，接著又會萌生「想要被稱讚」、「想要得到肯定」的欲望，甚至是更進一步地「想要幫助他人」。

在這當中，**會向服務業的員工或是打電話到客服中心「投訴、抱怨」的人，大多都是抱著「我想幫這家店（公司）變得更好」的心情。**

事實上，這些來自顧客的抱怨，通常都隱藏著提升商品或服務品質的提示。例如，遇到顧客抱怨「菜單的字太小，看不清楚」，不當一回事的店家，和把菜單修改成容易閱讀以吸引更多顧客的店家，兩者將來的生意肯定會有很大的差距。

生意好壞的關鍵，就是面對這種小投訴時的處理態度。

面對顧客的抱怨，只要多加一句「感謝您提供寶貴的意見」，就能滿足顧客「想幫店家變得更好」的心情，同時自己也能獲得寶貴的提示，創造雙贏的結果。

「古德曼法則」是處理投訴時經常被拿來當作依據的一套理論，根據這個法則，將不滿放在心裡，沒有說出口就離開的顧客的回購率，在低價商品上只有三十七％，在高價商品（約一萬日圓以上）上也只有九％。相反的，會提出抱怨，而且對店家的處理感到滿意的顧客的回購率，在低價商品上高達九十五％，在高價商品上也有八十二％。

這個數字是綜合了全美國多個市場調查的結果，因此相當可靠。面對客訴，只要用對方法應對，不僅能獲得改進，甚至能讓顧客回流。由此看來，客訴反而應該算是值得歡迎的東西才對。

千萬別再把客訴視為麻煩，應該用「感謝」的心情去面對它，這麼一來，相信你得到顧客的「感謝」的機會，一定也會愈來愈多。

到了那個時候，你自己「想要幫助人」的欲望也能獲得滿足，工作也會變得更開心、更有意義。

對顧客的三大誤解

在第1講中介紹了幾種對待顧客的常見錯誤應對方式。之所以會有這些錯誤的應對，主要原因就在於對投訴的顧客存有三大誤解。

說到底，人的行動本來就不是光靠道理和邏輯來決定，同樣也會受到情感的支配，其影響程度甚至勝過理性。

此外，根本沒有客觀性這種東西存在，不論任何判斷，最終做決定的都是自己；所謂的客觀性，就只是「自認為客觀的主觀」罷了。

因此，**除非特別注意，否則人與人之間產生誤解都是很正常的事。**

基於這一點，我們應該謹記以下三個常見的誤解，改變對那些用投訴來表達憤怒的顧客的認識。這對於學習後續內容中所介紹的具體技巧來說，是非常重要的關鍵。

對顧客的三大誤解① 顧客瞭解我所要傳達的意思

很多人都以為「只要帶著誠意對話，顧客一定會瞭解」。遺憾的是，事實上，對方比想像中更難接收到你所要傳達的意思。

有個簡單的實驗可以幫助大家清楚瞭解這一點，這也是我在客訴應對講座的一開始，一定會請臺下的學員一起做的實驗。

要準備的東西只有一張紙和一枝筆。可以的話，多幾個人一起進行，實驗會更有趣。

實驗進行的方式很簡單，請依照下列的指示在紙上畫畫。如果是多人一起進行，畫完之後可以互相分享。

〈實驗〉

1 首先，請在紙張的正中央畫五個圓形。

2 接著，在紙張角落畫三個星星。

3 最後，用三角形把圓形圍起來。

怎麼樣？都畫好了嗎？

畫好之後，請看一下自己畫的跟別人畫的（＊67頁的圖畫是講座學員畫出來的圖），有哪裡不一樣？有沒有人跟你畫的一樣呢？

看到其他人畫的圖，相信你一定很驚訝：「竟然也有這種理解方式！」你一定覺得：「這也太奇怪了吧！」或是「正常來說，應該是像我畫的這樣吧！」

畫出相同圖畫的機率，五十個人當中只有兩、三個人。**透過這個實驗可以知道，就連這麼簡單的說明，每個人的理解方式也是天差地別。**這種理解方式的差異，就是造成你跟對方產生誤解的原因。

不管是聆聽顧客的訴求也好，向顧客說明也好，一旦誤解彼此的意思，就會讓人覺得「不被理解」而感到失望。這種心情會更進一步引發「憤怒」或是「失望」的情緒，埋下投訴的種子。

如同本講一開頭所說的，顧客從一開始就已經在心裡預設好想聽到的答案，因此很容易用自己的方式去解釋對方的話，一旦跟自己預設的答案差太多，就不會想聽下去。

第1講提到的錯誤應對當中的「1用冷靜的態度面對顧客的咆哮」、「2試圖解釋，傳達正確的訊息」、「3不停道歉」，都是因為覺得「顧客會瞭解我的意思」，才會做出這些應對（就像「只要道歉，顧客就會感受到我的歉意」）。

這就是無法順利平息顧客怒氣的原因。

千萬不要認為「我都說得這麼清楚了，對方應該瞭解我的意思了吧」。如果無論怎麼說明都平息不了顧客的怒氣（沒有從顧客口中聽到稍後會介紹的「是的」），

畫圖實驗受試者的圖畫範例

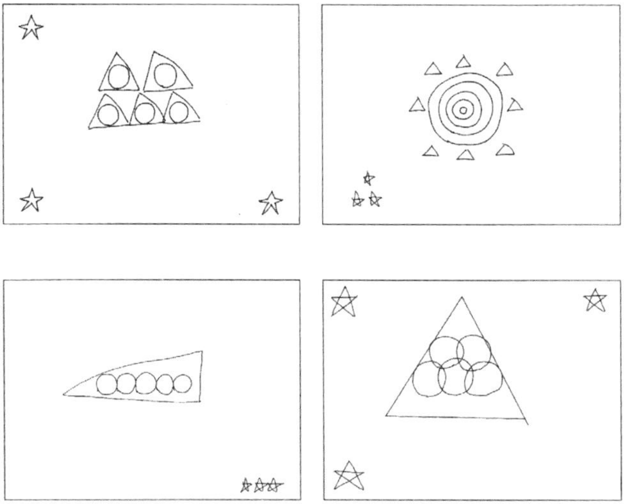

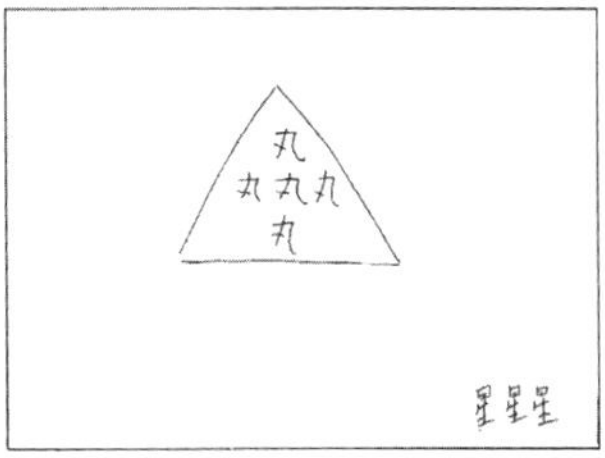

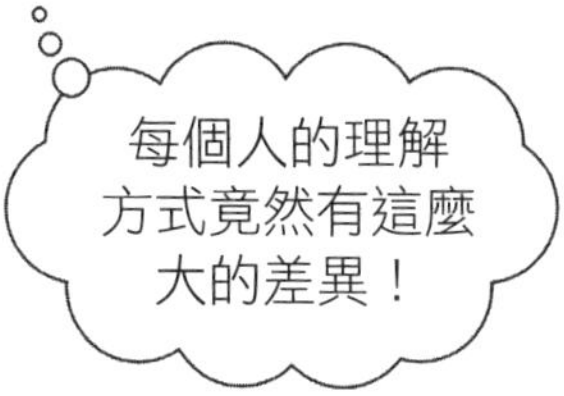

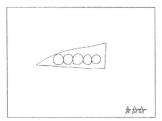

就要懷疑自己是不是沒有完全理解顧客想要的答案，做出了偏離重點的說明。

對顧客的三大誤解② 只要我說的是對的，對方就會接受我的說法

正如前文所說的，**就算店家或企業自己有道理，但如果不能貼近顧客困擾的心情，對方就不會接受你的說法。**

以下就是醫院裡常見的場景。

案例3 即便你說的是對的，顧客也不會接受

「到底還要等多久！比我晚來的人都先看診了！」男子一臉不悅地

質問櫃檯人員。

　負責應對的女職員按照手冊的規定回答道：「有預約的患者會先看診，請您再稍等一下。」

　男子聽到之後忍不住開始咆哮道：「我已經等好幾個小時了，你知道嗎？我就是因為不舒服才來醫院的！還是你們想害我變得更嚴重，讓我直接住院！」

負責醫院行政事務的女職員並沒有說錯話，但對於聽到的人來說，未必就會因此冷靜下來。

假設在告知醫院的規定之前，先關心男子因身體不舒服而感到痛苦的心情，例如：「很抱歉讓您等這麼久！您今天哪裡不舒服？一定很難受吧？」情況會有什麼改變呢？

我想應該會得到完全不一樣的結果。

雖然男子在嘴巴上抱怨個不停，一旦**他覺得自己的心情被理解，情緒肯定會冷靜下來。**

即使顧客是因為自己的誤解而生氣（事實上這是常有的事！），也不要急著「解釋」。

讓我們再看看另一個例子。

案例4

因為顧客的誤解而引發的客訴

在超市裡，一位結完帳的顧客把店員叫住：「這是不是算錯了？不應該是這個金額啊！你看！」顧客皺著眉頭，把明細表拿給店員看。

可是，明細表上和籃子裡的東西，兩者的金額是相符的。應該是因為顧客買了五盒冰淇淋，但這款限量商品一盒就要價四百日圓，顧客在沒有察覺的情況下就直接放進籃子裡，才會對結帳金額產生質疑。

這時候，如果你直接問顧客：「您是不是搞錯冰淇淋的價錢了？」可能會讓顧客感到丟臉。對方肯定會覺得「你害我丟臉」，對你產生另一股憤怒的情緒。

不只如此，說不定他還會不願意承認是自己搞錯，反而惱羞成怒地指責店家：

「你們應該要標示清楚才對啊！」

就算最後表面上看起來順利解決了事情，但在顧客的心裡，肯定對店家和你都不會留下好印象。即使這一切都是顧客自己單方面的錯……

遇到這種情況該怎麼處理呢？

其實很簡單，你可以試著展現貼近對方心情的態度，例如：「啊！都是這個冰淇淋的錯，一般來說不會是這個價錢」，或者是「我們標示得不夠清楚，非常抱歉」，給對方一個臺階下，也是很重要的。

記住，**有時候正確的言論會傷害到對方的自尊心，對方非但不會接受，甚至可能因此變得更固執。**

對顧客的三大誤解3 只要顧客願意接受我的解釋，就會退讓

前文提到，「就算你說的是對的，但如果沒有貼近顧客困擾的心情，顧客也不會接受」。不過，也有另一種情況是，雖然雙方的心情不太一致，但是顧客願意展現一定程度的理解，例如：「我瞭解公司和你的立場。」

不過，有一點千萬別搞錯了，**即使顧客願意理解或是接受你的說法，也未必會因此就直接退讓。**

雖然心裡明白，但相關行動卻停不下來。各位也有這種經驗嗎？

「如果再不減重，將來可能會疾病纏身，但我的嘴巴就是停不下來。」

「如果今天不把這項工作做完，明天一定會很辛苦，但是我好想回家。」

「既然都已經被甩了，就應該找下一個新對象，但我還是放不下那個人。」

人類這種生物，就算在理智上知道該怎麼做，但往往就是做不到，因為情感的力量遠比想像中還要強大。

根據腦科學家的研究，這種令人困擾的現象，主要是因為大腦中掌管邏輯和道理，不同於控制行動的區域。

根據美國保羅．麥克蘭（Paul MacLean）博士所提倡的「三重腦」理論，人類的大腦大致可以分成三層。

最中心的部分是爬蟲類和鳥類也具備的腦幹等負責掌管生存本能的「爬蟲腦」，接著第二層是邊緣系統等狗之類的哺乳類也有的「哺乳腦」，主要控制開心、難過等，與情感有關的行動。最後，位於最外層的是人類才有的新皮質，也就是專司語言和邏輯思考的「人類腦」。

雖然一般都認為人們的行動是由專司邏輯思考，也就是「人類腦」所控制，但事實上，大部分的行動都是由「爬蟲腦」和「哺乳腦」在主導。也就是說，人必須先有情感，才會有所行動。

因此，就算對方接受你的解釋，也未必會如你所預期地行動。

「我希望你這麼做」、「應該這麼做才對」、「不管理由是什麼，這樣做都太沒禮貌了」、「總之就是讓人很生氣」，當顧客深陷在這些強烈情緒當中，你的一句「但是……」，就會將一切打回原點，例如：「**我懂你的意思，但是……**」

既然如此，**與其花力氣去解釋以獲得對方的理解，不如先貼近對方的心情，平息對方的怒氣。**

成功化解客訴的關鍵，不是合理的說明，而是如何打動對方的情感。這也是後續內容中介紹的**「超共感術」的最終目的。**

「應對手冊」有時會導致最糟糕的說法

一般人都認為「生氣的顧客都是因為清楚自己想要什麼，才會用憤怒當作手段來達成要求」。有時候的確是這樣，但也有很多情況並非如此。

顧客的憤怒背後，通常都隱藏著各種原因和情緒，例如：

「想不出辦法，不知道該怎麼辦。」

「對店家的小小不滿持續累積，最後忍不住爆發。」

「想彌補自己心中的不滿。」

「對於自己造成別人的困擾，感到抱歉。」

「想炫耀自己是對的。」

而且，生氣的人未必知道自己生氣的原因，或是消氣的辦法，這是比較麻煩的地方。**有些人充滿憤怒和不滿，但具體來說，就連他自己也不知道到底想要店家怎麼做**，這種情況也很常見。

因此，面對正在氣頭上的顧客，一定要**找出對方生氣的原因和平息怒氣的方法，視情況隨時調整應對方式**。

然而，有個東西意外地經常造成客訴無法順利化解，那就是在第一線經常會用到的應對手冊。

應對手冊存在的目的，是為了以不失禮貌的方式處理顧客的投訴，提供顧客一定水準的服務。但是，它反而會造成第一線應對人員很難因應顧客的心情去做個別調整。

特別是市面上常見的**像例句集一樣的應對手冊，過度使用這種手冊，下場只會更激怒顧客。**

就像以下的案例。

案例5 應對手冊造成的偏見

A進入信貸公司工作已經半年了，如今是客服中心的電話客服人員。雖然他平常會接到很多因為客戶自己的誤解而造成的投訴電話，但只要依照應對手冊中的方法向客戶說明，通常都不會有什麼大問題。

有一天，A接到一通關於信用卡使用不當的詢問電話。對方之前已經打過兩通電話，A的主管也針對相關手續做了說明。如今A接到的這通電話是第三通，他猜想：「一個小時內就打來問了三次，這應該是手冊中說的惡劣顧客吧。」於是開始應對。

客戶：「我是剛剛有打過電話的K，關於那個手續……」

應對者A：「您好，我們已經收到您的信用卡被盜刷的報告。根據公司的規定，被盜刷的金額是以提出申訴的當天開始往前推算九十天內來計算。」

客戶：「不是，我不是要問這個，我想問那個手續……」

應對者A：「我已經說明得很清楚了，從今天開始算起，九十天前的盜刷無法申請補償，這是公司的規定。」

客戶：「我在上一通電話已經問過這件事了，我想說的是……」

應對者A：「不管您打幾通電話過來，補償金額都是一樣的，您瞭解了嗎？」

客戶：「我不是說這個，算了，我可以直接跟上一個接電話的人說嗎？」

應對者A：「這是根據公司規定的回答，就算換別人來接聽也是一樣的答案。」

客戶：「你夠了沒有！你根本不聽我要說什麼，我看你是想直接把我當成惡劣顧客吧？我不想再跟你說了，給我叫上一個接電話的人來！」

最後，A的主管接過電話詢問之後，才知道「對方依照之前說明的方式提出信用卡被盜刷的申請，最後卻失敗了，所以打電話來確認手續過程」，害得主管只好跟對方不停道歉。

至於依照手冊應對的A，則被主管狠狠罵了一頓。

應對手冊的內容雖然是跟顧客應對的基本依據，但如果只會跟機器人一樣照本宣科，不知變通，很可能會因此忽略了顧客真正的意思或情緒。有時候遇到對方正在氣頭上的話，還會更激怒對方，導致情況變得不可收拾。

甚至是像這個案例一樣，讓原本只是要確認手續過程的電話，最後真的變成了投訴電話。

顧客不是機器，而是擁有各自情緒的人類。因此，**面對一百個人，就要有一百種不同的應對方式。假使顧客當下的情緒跟平時不同，應對方式就必須要更多種才行。**

即便應對手冊是為了提供顧客優質服務而設計出來的東西，最好還是別過度依賴手冊中的步驟，忽視了顧客的心情和反應。

接下來例子中的主角T，就是因為一心想著要按照手冊應對，卻沒注意到顧客的反應，造成對方突然失控發飆。

案例6 只顧著看手冊，忽略了顧客的反應

從業務部被調到外務部門的T，有一天接到一通來自頂級VIP的電話。

T：「您好，這裡是○○百貨公司，我是外務專員T。」

顧客：「你好，我是S。我想詢問關於化妝品的事情。」

T：「S小姐您好，非常感謝您一直以來的支持！」

T一邊應對，一邊以電腦查詢S的購買紀錄。

T：「您在上個月購買了〇〇的化妝品，不知道用得還習慣嗎？」

顧客：「先別管那個，我現在有點急，我想問那個新顏色的唇膏……」

T當初拿到的公司內部專用客戶應對手冊中記載著：「S小姐會要求詳細說明」、「要讚美顧客」、「說明要詳細，避免造成誤解」。

T：「好的，您要問新顏色的唇膏嗎？目前櫃上有多款唇膏顏色，包括上個月和這個月的新顏色都有。您想要哪一款顏色嗎？」

顧客：「我不是這個意思，我聽說下個星期BB色的新色唇膏要上市了……」

T：「（急著插話）哇！您果然消息靈通！所以您想要下週預計發售的新顏色唇膏嗎？您真有眼光！這次有些是獨家搶先發售的

商品，在這裡可以先跟您介紹。」
顧客：「我剛才不是說了我很急嗎？你到底有沒有在聽人講話？再怎麼獻殷勤也該有個限度吧！」

這個例子也是因為應用手冊的關係，最後反而讓情況演變成客訴。據說，T平時就常聽從前輩的指導要按照手冊來應對，不要受到顧客情緒的影響。

當然，我的意思並非應對手冊沒有存在的必要，或是會成為應對上的絆腳石。只不過，在按照手冊應對之前，千萬別忘了顧客當下的苦衷和心情。

即便是平時讓人聽起來開心的讚美，有時候也會像前述的案例一樣，對當天的S來說只是在「獻殷勤」罷了。

專欄 客訴問題變得多元化且快速傳播的現代社會

身為客訴管理顧問，我感受到近年來顧客的投訴和憤怒變得愈來愈複雜，使用一般的應對手冊卻無法讓顧客感到滿意的情況，也愈來愈多。

很多時候，客訴的內容已經超出了應對手冊的範圍，或是顧客憤怒的程度完全超乎我們的想像。

造成這種現象的原因，應該跟整體社會的變化有很大的關係。

首先是訊息散播的速度變快了。

如今每個人都可以輕鬆地透過推特（X）等社群媒體、評論網站、留言板等，發送關於商品或服務的訊息；同樣地，也能任意散播「這種對待顧客的態度實在太惡劣了！」的發言，**輕易地引起大眾對企業的「網路撻伐」**。因此，**現在的顧客比以前變得強勢許多**。

此外，**「這種時候只要一直跟店家糾纏，就能得到○○」這種惡劣顧客技巧，也迅速在網路上散播開來**，造成愈來愈多人跟著模仿。

另一個重要的因素是，由於整個社會變得比以前富裕，使得「『顧客就是神』，希望能受到尊重」的權利意識跟著抬頭，「想要被感動」的心情也隨之上升，所以對服務水準的要求也變得更高了。

對服務水準的期待愈高，相對地，期待落空時的「失望」心情就愈容易轉變成憤怒。

再加上，**人與人之間，以及人與地方之間的連結變得淡薄，也造成了「不怕醜態」的任性行為變得更加頻繁**，像是絕對不會用對待熟人的態度來對待店家等。

高齡化的問題也是原因之一。過去，大家都認為人會隨著年齡增長而變得更沉穩，但事實上，至少在服務現場看到的情況完全相反。

隨著體力和精神變差，壓力變得更容易累積，讓人更加易怒。再加上退休後沒有工作，孩子也長大了，**想被肯定的心情無處獲得滿足，因此，「想要有所幫助」的心情也就變得更容易失控**。

面對這種愈來愈複雜的顧客的憤怒情緒，以前那種缺乏靈活性的待客應對手冊已經不再適用了。

既然如此，我們該怎麼做呢？

接下來要介紹的「超共感術」，不僅適用於各種類型的顧客，還可以用輕鬆的方式順利平息顧客的怒氣，大家一定要學起來。

第3講

要做的只有一件事！靠「超共感術」成功化解客訴

用「超共感術」化解客訴

透過前文，我們已經知道舊有的應對方法無法順利化解客訴的原因。那麼，到底該怎麼做才好呢？我想這是大家最想知道的吧。

接下來，終於要進入重點了。**能夠控制顧客的怒氣，順利化解客訴的方法，就是我透過處理客訴三十年的經驗所設計出來的「超共感術」。**

由我擔任客訴顧問的眾多企業已經實際採用這套超共感術，其效果也得到了證實。

無論是電話客服部門，還是第一線接待顧客的人員，大家都對這套方法給予肯定：**「原本抱怨的顧客，後來都成了回頭客」、「原本顧客氣到發飆，最後開心離去」、「顧客不但最後不再生氣，甚至還反過來表達感謝」。**

「超共感術」並不是要你對投訴的顧客「展現充分的同理心」。相反的，這套方法最大的特徵，反而是「不必對顧客展現同理心」。展現同理心的作法雖然可以有效化解客訴，但如果對每個顧客都要這麼做，對應對者來說負擔太大了。更重要的是，這麼做會耗費太多時間。

因此，超共感術跟一般常聽到的應對方法不同，你不需要傾聽對方說話。你要做的只有一件事，就是：

「讓正在氣頭上的顧客說出『是的』（YES）。」

就是這麼簡單而已。如果用我老家北海道的說法，也有人把這套方法稱為「『是的』說話術」。無論你怎麼稱呼它，這套由我自行開發且經過實踐的獨創方法，將能使大聲咆哮、咄咄逼人及年長的顧客，最後轉怒為笑。

也許你會懷疑：「真的只要這麼做，就能化解客訴嗎？」別懷疑，真的就是如此簡單到讓人掃興的地步。

至於什麼情況要用什麼方法，才能讓顧客說出「是的」，在接下來的內容中會一一介紹。由於方法很簡單，要記住的東西很少，任何人都做得到。

超共感術不僅能化解當下的客訴，還能讓你進一步贏得顧客的信賴，因此有很高的機率可以將原本憤怒的顧客轉變成忠實顧客。

也就是說，超共感術不僅能控制顧客的怒氣，甚至還能讓他們轉怒為笑。

為什麼只要讓顧客說出「是的」，事情就解決了？

首先，我們先來聊聊為什麼只要讓顧客說出「是的」，就能平息對方的怒氣。

要平息顧客的怒氣，必須先讓他的情緒冷靜下來。此外，另一個重點是，必須將顧客正處於否定狀態的大腦，變成願意聽別人說話並接受，也就是引導他變成「肯定狀態的大腦」。

大家可能會覺得這需要高難度的技巧才辦得到，但事實上，要引導否定狀態的大腦變成肯定狀態，一點也不難。

只要透過一些小事情，不斷讓對方說出「是的」、「就是啊！」等肯定的說法，他的大腦和內心就會開始產生變化。這是因為，人在聽到自己說的話之後，就會產生改變。

在教練學和諮商心理學上，經常會運用到一種稱為「自泌」（autocrine）的大腦作用，這是指人在聽到自己說的話之後，大腦就會自動接收並開始思考。研究證實，把自己決定的事情說出來，大腦就會遵照這個決定去行動。

顧客在抱怨的時候，大腦處於「不斷挑毛病」的狀態。在這種狀態下，聽到自己說「是的」，大腦便會自動開始思考。

「是的」是一種肯定的語言，因此，當正在挑毛病的「否定的大腦」，突然間聽到自己說「是」，就會停止否定並開始思考：「咦？原來可以說『是的』！」

我將這種轉變稱之為「使大腦從否定逆轉成肯定」。

超共感術就是運用這種心理作用的方法。面對大腦因為憤怒而處於「否定」狀態，不斷挑毛病的顧客，就算你一開始就提出解決方案，他也聽不進去。

因此，你要先抛出一些容易讓對方表示認同的說法，引導對方點頭說出「是的」或是「就是啊」。當他說出這些話，怒氣便會在瞬間平息，因為他覺得自己的憤怒和困境「被理解了」。

藉由這種方式讓顧客說出「是的」，等到他的大腦從「否定狀態」逆轉成「肯定狀態」之後，你就可以進入正題，針對顧客抱怨的問題來提出解決方案。

換句話說，**超共感術的目的是，促使顧客從將你視為敵對關係，轉變成將你視為跟自己站在同一邊的關係。**

這有助於後續的應對進行得更順利，不但能平息顧客的怒氣，最後還能成功化解客訴並得到對方的感謝。

超共感術實際應用案例

雖然只要讓顧客說出「是的」，就能順利化解客訴，但是，**面對什麼樣的投訴時該怎麼說，才能讓顧客說出「是的」或「就是啊」**，相信大家一定摸不著頭緒。所以，我們用幾個實際發生的案例來當作教材，一起來看看超共感術的應用方法。

接下來的內容會以問題的形式呈現，大家也可以一起想想該怎麼做。

案例7 幼兒園家長惱羞成怒的投訴

幼兒園裡，有個孩子在過了放學時間之後，還沒有家長來接。

負責在傍晚來接孩子的是他的母親，但是她的工作似乎非常忙碌，經常過了時間都還沒來接孩子，甚至連一通「我會晚點到」的電話也沒有，讓園方不知道該怎麼辦，非常困擾。如果可以事先告知她大概幾點會來接，園方就能幫孩子準備晚餐⋯⋯

事件發生當天，這位母親一樣過了放學時間還沒有來接孩子，也沒有打任何一通電話。

孩子因為又累又難過，開始鬧起脾氣。

保育員心疼孩子應該是肚子餓了，便拿了一片米餅給他吃。正當孩子吃米餅吃到一半時，母親終於來了。

這時，母親看到孩子手上拿著米餅，突然開始發飆。

「你現在給他吃點心，等一下他不就吃不下晚餐了嗎？你到底在想什麼？這樣還算是保育員嗎？」

保育員突然被指著鼻子罵個不停，完全不知道該怎麼回應，沒辦法為自己辯解……

遇到這種情況，大家覺得第一時間要怎麼做，才能讓對方說出「是的」，順利平息對方的怒氣呢？

你的選擇

1 總之先道歉，等對方氣消了再說。

2 一邊回應，一邊等對方的情緒冷靜下來。

3 雖然很害怕，不過還是要解釋：「他只吃了一片米餅而已……」

4 指責對方沒有遵守接孩子的時間：「因為您太晚來接，○○餓到鬧脾氣，我們只好拿米餅給他吃！」

5 大聲且清楚地回應：「您果然很擔心○○的晚餐。」

如果你選擇「1」，只會因為害怕而不停道歉，當然不可能讓對方說出任何肯定的話。

非但如此，對方還會把跟照顧孩子無關的，自己平常的勞累和積壓的情緒，一股腦兒地全部發洩在你身上，讓你感受到滿滿的壓力。

這麼一來，對方別說是氣消了，反而會對幼兒園留下不愉快的印象。

「2」的作法也許能平息對方的怒氣，但是會花太多時間。本來對方就已經太晚來接孩子了，這樣不僅會耽誤到孩子吃飯的時間，也會剝奪你的個人時間。

「3」的解釋只會更激怒對方，更別說要讓對方說出「是的」。這麼說應該會被罵得更嚴重，例如：「才一片而已？孩子的胃口那麼小，吃了一片米餅，當然就吃不下飯了！」

那麼，如果跟「4」一樣指責對方的不是呢？很遺憾的，當對方正在氣頭上，大腦處於「否定」狀態的時候，就算你說的是對的，對方也不會接受，可能還會惱羞成怒地說：「就算我遲到，也才晚了二十分鐘而已，反正你們也沒有要趕著下班！」

正確的處理方式應該是「5」。也許大家會很意外，不過，這時候你要做的就是認同對方的憤怒（當然，就算不是真心的也沒關係）。聽到你這麼說，對方應該會回應：「是的，就是因為擔心，我才會這麼說！」**雖然他在語氣上還是憤怒，但你已經成功讓對方同意你的說法了。**

到了這個地步，你就算是成功了。對方已經打開心房，開始能夠聽得進你的說法。這時候，才是說出正確理由的最佳時機。

「我們也跟您一樣很擔心。有時候，孩子餓過頭，打亂了生理時鐘，反而會吃不下，所以我們才會避開甜食，先拿一片米餅給他吃。」

聽到這裡，這位母親的態度瞬間軟化，開始解釋道：「我知道餓過頭對身體不好，所以我平常就會準備一些常備菜，方便一回到家就能馬上讓他吃飯。」

於是，園方順著這位母親的話說：「您對○○真的很用心，任何事情都會替他著想。下次如果您跟我們說會晚點來接，我們一定會特別注意不要給他吃零食，改讓他吃一些花椰菜之類的蔬菜。」

經過這次的事件之後，再也沒發生這位母親要晚來接孩子卻沒有事先告知的情況了。

事實上，這位母親的想法是，與其在百忙中抽空打電話通知自己會晚點到，不如盡快完成工作，早一點去接孩子。

但她不知道的是，只要打通電話先告知，園方就會幫忙讓孩子先吃點東西充飢。如果早知道可以這樣，她就會先打電話了。

沒有事先聯絡而遲到，當然不對，但是對方也不是故意要這麼做的。若是用嚴厲的態度要求對方「要晚到請先打電話告知」，很可能會引起對方的怒氣：「我也很忙好不好！」最後演變成爭吵。

所以，正確的作法應該是理解對方擔心孩子的心情，用同理的方式讓對方說出「是的」，等到對方氣消了之後，再提出你的解釋。

而且，**在這個案例中，園方在解釋的同時，也一併提出了「對方希望的作法」**，所以毫不費力地就讓對方接受「遲到要事先告知」的要求。

★超共感術的獨特之處！ 先拋開解釋和正確的言論，用理解對方立場的態度開啟溝通。

案例8 客運司機的好意，反而造成乘客的困擾

那天，由於全國性降雪，使得交通嚴重阻塞，到處都在塞車，就連長途客運巴士也因此延誤。尤其是行駛山區的巴士，因為入山道路封閉，只能繞道而行，延誤的情況更是嚴重。

最後，巴士抵達總站的時候，已經是晚上十點多了，比預計的時間晚了四小時。

就在那天晚上，客運公司接到一通乘客的投訴電話。

該名乘客表示，巴士抵達車站的時候，最後一班電車早就已經發車離開了，導致他們一家無法前往目的地。在車站前又遲遲等不到計程車，打

電話詢問附近的飯店，也全都已經客滿，沒有房間了⋯⋯

最後沒辦法，他只好回頭向還停在路邊的客運司機求助，對方介紹他一家名叫〇〇的飯店。可是，當他們一家人在大雪中走了大約十五分鐘，最後看到的，竟然是一家只限男性入住的膠囊旅館。他和太太帶著兩個分別是三歲與五歲的孩子，根本沒辦法入住。

「因為下雪延誤抵達也就算了，可是我們都已經無路可去了，他竟然還介紹我們去住膠囊旅館，這也太扯了吧！這種一點常識都沒有的司機，你們一定要開除他！」

接到投訴的員工也覺得乘客的遭遇很可憐。換作是平常的話，他接到這種電話一定會覺得很討厭，但是現在大半夜的，對方不僅沒地方住，連生氣的對象也沒有，才會打這通電話來抱怨吧。

就算這樣，也不能說司機就有錯。相反的，他一定是因為看到乘客沒地方住，心裡也跟著著急了起來，才突然想到那家「保證一定有房間能入住的飯店」。就算他忘記乘客還帶著孩子，也不能因此就責怪他。

只能說他是一片好心，結果卻適得其反……

交通工具的延誤，會讓人的計畫完全被打亂。即使是自然發生的延誤，大家還是經常把那股焦急和憤怒發洩在工作人員的身上。

在這個案例中，假設你是接到投訴的員工，會怎麼應對呢？

你的選擇

1 「實在非常抱歉，不過關於乘客抵達目的地之後的事情，並不屬於我們的責任範圍，所以請您自行想辦法。」

2 「實在非常抱歉，今天因為路況不佳，到處都在塞車，我們也無能為力。」

3 「司機可能不知道那家是膠囊旅館，非常抱歉，我們會好好跟他說的。」

4 「我們公司並沒有提供介紹飯店的服務，那應該是司機基於服務精神才那麼做的。不過，由於他並不是本地人，造成不便，還請您多加見諒。」

5 「關於是否開除司機，這一點我們會依據公司規定來判斷並處理，因此，很抱歉我們無法滿足您的要求。」

6 「竟然有這種事？那現在孩子們都還好嗎？」

以上哪一種說法會讓對方說出「是的」呢？

「1」和「2」那種完全沒有體諒到乘客的困境，聽起來像是在推卸責任的說法，只會讓對方更生氣。對方可能會氣得大罵：「你聽不懂我的話嗎？這我當然知道！我的意思是說，我今天帶著孩子，可是你們司機的處理方式很糟糕！」

「3」的說法看似在道歉，但對方聽起來會覺得你只是在辯解。而且對方的火氣一上來，可能還會反問你：「什麼叫做『好好跟他說』？我是要你開除他！」焦點反而會變成「要不要開除司機」，導致情況變得更複雜。

「4」的說法聽起來像是公司把責任全部推到司機身上，而且還用「不是本地人」的說法來為司機開脫。這種說法可能會讓對方炮火猛開：「所以你的意思是全都是我的錯囉？要我『見諒』，別開玩笑了！我就是不能見諒才打電話來的！你們公司到底是怎麼教育員工的？」

「5」的說法跟「3」一樣，會讓「開除司機」變成話題焦點。對方可能會說：

「如果你沒辦法做決定，那就叫你的主管來聽電話！」

「6」才是最正確的應對方式。詢問「孩子們現在怎麼樣了？」，**雖然不會讓對方說出「是的」，但事實上，對方原本想要表達的就不是司機的錯誤應對，而是希望「孩子的處境遭遇到困難」這一點能夠獲得理解。**

以這個案例來說，**首先要做的應該是確認乘客是否平安無事**，責任問題等到之後再說也無所謂。因此，要先讓乘客知道你最優先考慮的是他們的安全，藉此讓對方冷靜下來。

針對「6」的說法，假使對方回答：「我千拜託萬拜託，好不容易才讓旅館同意讓孩子們先睡在大廳休息。」這時候你就要立刻做出回應：「太好了！這樣我就放心了。」讓對方知道你心裡的喜悅。

接下來，你就可以開始進入重點，也就是想辦法讓對方說出「是的」。由於事態嚴重，不能只讓對方說出一次，最好要說出三次才行。

「今天真的很冷，最讓人擔心的還是孩子們的情況。」

「您一定跑了很多家飯店吧？真是辛苦您了。」

「因為車子延誤，害您這麼辛苦，實在非常抱歉。」

「這樣您就可以先暫時放心了。我想，司機一定也很擔心，我會再把你們平安無事的消息轉達給他的。」

「一定是您對孩子們的愛感動了飯店。」

利用這些說法持續讓對方說出「是的」，之後如果再加上：「這位司機對那附近也不是很熟悉，就這樣做了錯誤的介紹，實在很抱歉，我們一定會好好教育他，今後不得再提供乘客不確定的資訊。如果還有其他需要我們注意的地方，請隨時告訴我們，我們一定會非常感激。」那就是最完美的結束了。

★超共感術的獨特之處！

出於真心的體貼，就是化解客訴的最佳武器。

案例9 家庭式餐廳的蟲子事件

這是發生在某間家庭式餐廳的事件。有個帶家人來用餐的男子抱怨

「飲料吧的咖啡裡有蟲」。

「我父親的咖啡裡竟然有好大一隻蟲！你們的衛生管理到底是怎麼做的！」

雖然店長當場就向男子道歉，而且不收取飲料吧的費用，但對方並不滿意這樣的處理方式，最後只好由總公司的客服部門出面應對。

負責應對的人帶著禮盒來到男子的家裡致歉，但是仍然得不到對方的諒解。

「你們不是大型連鎖店嗎？衛生管理可以做成這樣嗎？」

即使應對者不停道歉，對方的態度看起來卻沒有要原諒的意思……

飲食相關的客訴問題非常多，其中特別要注意的就是食物中出現異物的投訴。因為這關係到顧客的安全，在應對上只要稍有不慎，就很可能演變成影響整家公司的嚴重問題。

可是，無論再怎麼注意，也不可能做到完全防止異物跑進食物中。因此，平時就必須思考萬一遇到這種情況該如何應對才恰當。

上述的這個案例，最後花了兩個月的漫長時間才終於解決。

糾纏了這麼久的客訴，最後解決的關鍵是什麼呢？

那就是一句「聽說那天您帶著家人一起去用餐，是為了慶祝什麼事嗎？」的提問。

在之前好幾次的拜訪中始終一臉不悅的男子，在聽到這句話之後，表情瞬間軟化，終於開口說出「是的」，然後整個人打開話匣子，說出原委。

他表示，那天是他父親七十七歲的生日，全家人帶著遠從福岡而來的父親一起到這家餐廳慶祝，因為父親喜歡喝咖啡，之前曾經說過：「雖然很多家庭式餐廳都有提供咖啡，但是這家的咖啡特別好喝。」才會特地挑選這裡。

男子的父親因為健康管理的關係，抱怨著現在每天只能喝一杯喜歡的咖啡。為了讓父親能夠喝到喜歡的餐廳所提供的咖啡，他們才會特地來到這家餐廳，沒想到聚餐主角——父親的咖啡杯裡，竟然出現蟲子。

聽到這裡，應對者頻頻向男子低頭道歉。

男子認為，**對方已經理解當天的用餐對他們全家人來說是多麼重要的慶祝場合**，就不再生氣，結束了這一次的投訴事件。

接下來，讓我們來想想，在顧客的情緒變得如此複雜之前，事件發生當天，**現場的工作人員在第一時間應該採取什麼樣的應對措施。**

也就是說，怎麼做才能讓男子說出「是的」？讓我們一起來想想看吧。

你的選擇

1 「非常抱歉！我馬上幫您換一杯新的。」

2 「非常抱歉！今天的飲料就由我們店裡招待，不會跟您收取費用。」

3 「非常抱歉！您已經喝了咖啡嗎？如果覺得身體不舒服，我們馬上陪您到醫院檢查。」

4 「非常抱歉！害您重要的聚餐搞砸了。您已經喝了咖啡嗎？覺得哪裡不舒服嗎？」

5「非常抱歉！您現在狀況還好嗎？身體有哪裡不舒服嗎？您今天特地跟家人一起來用餐，而我們竟然犯了這麼嚴重的疏失。今天的聚餐對你們來說一定很重要，如果可以的話，請讓我們為你們重新泡一壺咖啡。」

「1」和「2」是這類情況發生時最常見的處理方式，這種完全沒有顧慮到顧客心情和安全的說法，很多時候非但不會被接受，還會讓情況變得更複雜。

「3」的處理方式展現了對顧客安全的關心，因此在一般情況下，應該都可以順利化解情況（當然還是要替顧客沖泡新的咖啡）。但是，這個案例發生在特別的慶祝場合，假如沒有意識到這一點，就無法真正解決問題，只會讓顧客對這家餐廳留下不愉快的感受，心情快樂不起來。

從這個角度來說，如果當天現場的員工能夠仔細觀察顧客的情況，做出像「4」一樣的應對，也許就能讓顧客說出：「就是啊！今天可是為了替我父親慶祝生日的重要聚會耶！」事情就不會發展成需要總公司出面來應對的地步。

如果可以像「5」的方式一樣，為顧客提供後續的處理，也許顧客會回應說：「就是啊！」並且說出當天聚餐的目的和重要性。

聽到顧客這麼說之後，店長就應該運用自己的裁量權，判斷可以為這桌顧客提供什麼樣的服務，做出適當的應對。順帶一提，換作是我的話，就會送上七十七隻炸蝦做為七十七歲生日的賀禮。比起重新沖泡一壺咖啡，這麼做應該會讓壽星更開心（笑）。

除了這種食物中出現異物的投訴以外，餐飲業最常見的還有成人禮當天弄髒顧客的振袖。

最重要的當然是小心避免犯錯，但除此之外，店家或總公司也必須事先決定這類情況發生時所能提供的服務範圍。

正如大家所知道的，在現在這個時代，一發生事情就會被發布到網路上公審。傳統的客訴應對方法已經無法再應付，因此，**以化解顧客「心情」為優先的超共感術，可以說愈來愈重要了。**

★超共感術的獨特之處！

把超共感術當成網路散播的因應對策，也能發揮很好的效果。

案例10 來自患者的投訴

有一家耳鼻喉科診所接到一通來自患者的電話。

「叫醫師來聽電話！我都吃了好幾天的藥了，身體還是不舒服，他根本就是個庸醫！」

罵人的是三天前因為咳嗽和喉嚨痛前來就診的患者，當天醫師開給他的是消炎藥和止咳藥。

醫師正在為其他患者看診，所以接電話的是護理師。

「症狀和藥效會因人而異，不一定三天內就會見效。醫師當初開給您的是一個星期的藥，所以請您再觀察幾天看看。」

雖然護理師這麼說了，患者似乎不能接受，後來當天又打了三次電話來抱怨。

「您好，我是○○○醫師。」

「你這個庸醫！你開的藥根本沒有用，我到現在還是咳個不停，你說要怎麼辦？」

醫療院所也是經常被投訴的職場之一，但並非所有問題都出在醫院或醫師身上，很多時候是因為患者受不了疼痛和折磨，才會用抱怨的方式表現出來。

有別於其他類型的投訴，發生在醫療院所的投訴，大部分都很難靠著把病治好，或是提供服務或金錢賠償來解決，這也是這類型投訴的特徵之一。

不過，即便是這種類型的案例，超共感術同樣能發揮很好的效果。

你的選擇

1「有時候要連續吃一個星期的藥才會見效，所以請您繼續按時服藥，再觀察幾天看看。」

2「您還是咳得很嚴重嗎？您應該很難受吧？不過，在電話裡很難判斷是藥物不適合還是有什麼其他原因，您要不要到大醫院檢查看看，要不然一直咳也很難受，而且也會讓人擔心。」

3 「您還是咳得很嚴重嗎？您應該很難受吧？如果吃了醫師開的藥之後，病情沒有改善，或是覺得變得更嚴重，我們也可以幫您轉診到大醫院做進一步的檢查。」

近年來，醫療糾紛訴訟愈來愈頻繁，為了避免被斷章取義，很多醫療院所都規定第一線人員不得向患者「道歉」。因此，醫師最常做出的回應就是像「1」一樣的說法。

但是，「1」的問題就在於，這種應對方式沒有製造機會讓患者說出「是的」，反而會造成患者對醫師的不信任，最後很可能引發更嚴重的抱怨。如果患者吃了一個星期的藥之後，病情仍舊沒有改善，可能還會進一步質疑：「你不是說吃了一個星期的藥就會好嗎？現在立刻就把我治好！」

因此，姑且不論大醫院的情況，私人醫院或是一般診所不妨可以**用「2」或「3」的方式，先接受對方的抱怨（「您還是咳得很嚴重嗎？」），製造機會讓對方說出「是的」**。光是這麼做，就能大幅降低對方的攻擊性。

「2」和「3」的差異也許不是很明顯，不過「3」的說法展現了「幫患者轉診到大醫院」的主動態度，比「2」的說法更好。因為患者真正想要的是「現在立刻就把病治好」，雖然你沒有辦法做到這一點，但是患者應該不會反對轉診到大醫院。

特別是在這個案例中，患者已經說出「庸醫」這種對醫師失去信心的話，就算要求對方再來看診，只會讓情況變得更惡化，況且，對方很可能根本不想再來。

這時候的解決目標，應該要擺在避免日後留下不好的風評。

跟上一則家庭式餐廳的案例一樣，解決顧客心情問題的超共感術在這裡也能發揮功效。

要注意的是，即便把對方轉介到其他醫院，**也一定要製造機會讓對方說出「是的」，以平息對方的怒氣，避免惡意風評帶來的名譽損失。**

另外，**如果是關於結帳或是領藥等太久的投訴，堅持「不道歉」的作法只有百害而無一利。**

也許你會覺得：「患者就是那麼多，這也沒辦法，為什麼我要道歉？」這種心情當然可以理解，但是人的情感並非靠理智就能控制。

所以，不妨在事先設定好的「道歉範圍」內做出表示，例如：「您都不舒服了，還讓您這麼麻煩，真是抱歉」，或是「抱歉讓您等這麼久，您的身體一定很不舒服吧！」等。

藉由「讓您這麼麻煩」、「讓您等這麼久」的說法，明確表明自己是針對哪個部分道歉，除了能限定自己的責任範圍，也可以讓對方知道自己對他的狀況有清楚的掌握。

這麼說的話，更容易引導對方做出「就是這樣！」的回應，防止事情變得更加惡化。

★超共感術的獨特之處！ 即便是沒有明確目標的投訴，也能夠解決。

超共感術不會以「解釋」當作第一步

透過上述的內容可以知道，面對客訴時，首先要做的就是想辦法讓對方說出「是的」。換言之，如果能在初期就**讓顧客說出肯定的說法，第一階段的應對就算是成功了。**

相反的，假如對方一直沒有說出任何具肯定語意的話，就可以判斷對方可能對你的應對存有反感和懷疑。這時候，你就必須改變說話的方式，這部分的詳細技巧就留待第4講再介紹。

要記住的是，在應對時，顧客生氣的原因一點都不重要。無論是員工的疏失所造成的，還是顧客自己的誤解，對應對結果的成敗幾乎沒有任何影響。

真正有影響的是你第一時間所做的應對，**甚至可以說，你第一時間的應對決**

定了情況會變得更複雜，還是能成功讓顧客轉怒為笑。

但實際上，**大部分的人都會**因為畏懼顧客的憤怒，或是想從眼前的情況中盡快脫身，於是**選擇用「辯解」或是「正確的說明」來進行第一時間的應對。**

然而，這正是導致客訴情況變得更複雜的最大原因。先撇開惡劣顧客不談，**大部分的顧客最在乎的無非是自己的困擾能夠盡快獲得解決，當然不會想聽到辯解或是正確的說明。**

也許有人會說：「我當然明白這個道理，但就是因為想要說服顧客，盡快解決問題，才要把自己的立場和解釋說清楚，不是嗎？」但是，讓我們再想一下。

各位發現了嗎？在顧客「希望自己的困擾盡快獲得解決」的念頭當中，隱藏著一個先決條件，就是**必須用「我（顧客）期待的方式盡快為我解決」**。

掌握顧客這種微妙的想法，在應對上非常重要。應對者通常都已經處理過類似的投訴，因此累積了很多解決的知識。也就是說，應對者往往會認為自己已經知道解決問題的答案。

這種態度會讓顧客的心情變得複雜，更加生氣。要是仗著自己擁有的那些不完整的知識，不去深入思考眼前顧客真正的需求，只會按照舊有的方法提出解決對策，將導致第一時間的應對以失敗收場（第2講中提到的「應對手冊」的缺點，也是這個原因造成的）。

尤其是，如果客訴的原因是顧客自己的錯或是誤會造成的，更要特別注意。即使你在一開始就很想告訴對方正確的說明，但千萬別忘了，**做出正確的說明等於是在指出對方的錯誤**，這會讓顧客覺得受到質疑，反而讓情況變得更惡化。

對大腦正處於否定狀態的顧客來說，即便是正確的說明，他也不會接受。萬一你的說明被誤解成是在「推卸責任，保護自己」，**對方憤怒的矛頭就會從原本的「事件」轉移到「你的人格」上。**

一旦情況演變至此，對方更不可能把你的話聽進去，事態只會變得更嚴重。

客訴應對的成敗，可以說有百分之九十九都是取決於第一時間的應對。面對憤怒的顧客，**千萬不要一開口就是「辯解」、「解釋」或是「正確的說明」**，這一點務必要謹記在心。

接下來，我們將在第4講更進一步探討如何熟練超共感術的技巧。

第4講

引導顧客說出「是的」的說話技巧

如何引導顧客說出「是的」？

透過前面的內容，各位應該已經瞭解利用超共感術化解客訴的方法了。

收到顧客的投訴

←

引導顧客說出「是的」

←

（盡可能）提供「顧客期望的答案」

←

順利化解客訴！

真的就是這麼簡單。

藉由讓顧客自己說出「是的」來平息其憤怒，接著再提供「顧客期望的答案」，就能做到最讓人滿意的應對。

除了以金錢為目的的惡劣顧客之外，幾乎沒有解決不了的客訴（關於應對惡劣顧客的方法，請參考第6講）。

也許有人會擔心：「我什麼方法都不會，這樣能夠引導顧客說出『是的』嗎？」

請放心，只要記住接下來介紹的小技巧，你一定會成功。

傳統的客訴應對學習大多是以記住「句子」為主，但是，要引導顧客說出「是的」，你**需要的是「說話技巧」，以及掌握對方的「情緒」**。

有一點希望大家不要誤會了，雖然要掌握對方的情緒，但這不是要你專心傾聽對方說話，或是強迫自己去理解對方的心情。

那麼做的話，是無法勝任客訴應對這份工作的。這是我在政府機關擔任客訴處理專員時的親身體驗。

傾聽無法當作客訴應對的第一步

市面上以客訴應對為主題的書籍或是應對手冊，都會教你要用「傾聽（配合對方的情緒和步調，專注聆聽）」來面對顧客的憤怒。不過，就像前文說過的，以近年的客訴型態來說，這並不是一個好方法。

這麼做將會耗費太多的時間，而且真正的傾聽不僅要具備專業技巧，更需要相當的知識和訓練。傾聽者不能將自己的價值觀或主張強加到對方身上，而是要藉由對對方說的話表示理解，來引導對方說出真正的意圖。對外行人來說，這是非常困難的手法。

再者，一般公司投入在客訴應對上的人力和時間都很有限，**形式上的傾聽只會浪費時間，對平息顧客的怒氣來說毫無幫助。**非但如此，這可能還會加深顧客的受害情緒。

超共感術則是克服了這些問題，而且令人驚訝的是，它能在比過去更短的時間內迅速化解客訴。

處理客訴時，最重要的並不是理解對方的心情。我一再重申，處理客訴的重點只有一個，就是想辦法讓對方說出「是的」。不要想著要貼近對方的心情，或是慢慢讓對方卸下心防，**應該專注於盡可能在短時間內收集到能打動對方內心的情報，尋找能讓對方說出「是的」的關鍵句子。**

要做到這一點，接下來介紹的三個技巧就非常重要。

話不多說，以下馬上為大家介紹引導對方說出「是的」的說話技巧。

讓對方說出「是的」的訣竅❶ 配合顧客的節奏

在你的生活當中，什麼樣的人最容易讓你說出「是的」、「就是啊！」等表示同意的話呢？

朋友也好，跟工作有關的人也好，不論立場和年齡，你是不是覺得跟這些人莫名地契合呢？

客訴應對也是一種溝通，所以各位一定要知道的大前提就是：人們對於跟自己有共通點或相似的人，很容易產生好感。

舉例來說，一旦知道對方跟自己是同一所學校畢業的，或是有共同的朋友，感覺上就會變得比較親近，產生同伴意識。擁有共同的興趣，或是同樣都喜歡狗，也會讓人對對方感生好感。

只不過，你當然不可能問投訴的顧客：「你喜歡狗嗎？」這麼問只會火上加油，對方可能會氣得大罵：「你在開什麼玩笑！」

因此，大家要記住的重點是「同調」。**所謂的同調，是指將自己調整成跟對方的說話方式、狀態和呼吸一致，讓對方在無意識間對你產生好感。**換言之，就是透過同調的技巧，把對方變成更容易說出「是的」的狀態。

方法很簡單，只要**模仿對方說話的音量和速度，以及肢體動作**，就行了。如果對方說話時雙手不停揮舞，自己就跟著一邊說話、一邊揮舞雙手。大家可以想像自己是在「配合」對方，而不是「模仿」對方。

隨著配合對方的動作和說話速度，如果你能夠讓呼吸也變得一致，那就是同調的最高境界了。這會讓對方在無意識間受到影響，讓你在對方毫無警戒的狀態下取得信任。

處理客訴時最容易犯下的錯誤，就是以為自己必須冷靜應對，才能平息顧客的怒氣。事實上，這麼做會讓顧客覺得你過於冷漠，感受不到你的誠意，因而變得更生氣：「**我都發出緊急求救訊號了，你卻還在狀況外！**」

如果對方愈說愈激動，請你也跟著快速做出應對，音量也要毫不保留地配合對方，總之，就是要相信同調的效果。

同調的效果已經獲得心理學實驗的證實，這個方法也被廣泛運用在商業界。

實際上，我有一個朋友是大型保險公司的頂尖業務員，他表示，自從學會運用同調的技巧之後，客戶的反應變得跟以前完全不一樣了。由此可見，這不僅能用來應對客訴，更是跟「人」打交道時最厲害的技巧。

讓對方說出「是的」的訣竅❷

讓對方說出「是的」，使激動的情緒冷靜下來

雖然你很想盡快收集情報，可是當對方情緒激動時，每分鐘的心跳次數往往超過一百次，大腦和身體也都處於戰鬥狀態。

此時，就算你想藉由提問來確認事實，也得不到準確的回答，對方更不會聽你辯解而做出冷靜的判斷。

因此，請你先利用同調的技巧，將形容詞套入以下的句子中：「不好意思給您添麻煩了，讓您感到○○，實在非常抱歉。」然後**透過對方的回應，思考如何讓對方說出「是的」**。

一旦成功讓對方說出「是的」，對方的情緒就會跟著冷靜下來。

讓對方說出「是的」的訣竅❸

不斷引導對方說出「是的」，從中尋找憤怒的原因

在顧客說出第一個「是的」，情緒冷靜下來之後，你不能為了確認是「顧客的誤解」還是「工作流程上的疏失」造成此情況，就馬上急著提問。在弄清楚顧客

投訴背後的「憤怒原因」之前，你應該要不斷引導對方，讓對方說出第二個、第三個「是的」，直到找出原因為止。

舉例來說，雖然顧客投訴的起因是「排隊結帳等太久」，但是引發他憤怒的原因可能有很多。

「孩子一個人在家，我得盡快趕回去，不然發生什麼事，你們要負責嗎？」

「排在我後面的人都被引導到其他收銀檯先結帳了，你們根本是看不起我！」

「今天我在公司也遭到不合理的對待，現在又只有我排的這一排結帳速度最慢，為什麼我非要忍受這種事不可！」

憤怒是人發出的「求救」訊號，是發自內心的「快幫幫我！」的悲鳴。就算有時候面對的是因對方誤解而產生的憤怒，或是遷怒式的憤怒，我們也不能逃避。

雖然每個人憤怒的原因都不相同，但大致上可以分成以下三種類型。**記住它們，就能讓你更容易推敲出顧客憤怒的原因。**

憤怒的原因① 心靈或自尊心受到傷害

每個人都**希望「受到尊重」、「被視為無可取代的存在」**。

不僅是被人說壞話或是遭到無禮對待時會生氣，有時候就算是對方出於善意的言行，只要當事人感覺被輕視或瞧不起，也會引發憤怒。

就如以下的例子：

- 年長者在醫院或照護中心裡，被醫師和員工用對孩子說話的語氣來應對，例如：「爺爺，這樣不行喔！」
- 比自己晚點餐的顧客，其料理都已經先上桌了。

・向店家詢問商品，對方只是冷冷地說「請稍等」，最後還讓人等了很久。

憤怒的原因❷ 發生了意料之外的事情

不管是有意識還是無意識，人們通常會預先想像並決定接下來一整天的主要行動。尤其是對於「今天一大早要開會，所以要比平常提早半小時到公司準備」，或是「今天有期待已久的約會，來預約一家人氣餐廳吧」、「好想見到寶貝孫子的笑容，買個玩偶送他吧」等重要的事情，內心會有更清楚的想像。

因此，**一旦發生意料之外的事情，當事人就會陷入一種恐慌的狀態而變得容易動怒。**

接續上述的例子來說，可能是「電車發生事故，別說是準備會議，連上班都快遲到了」、「期待可以吃到餐廳的人氣料理，結果它卻賣完了」、「寶貝孫子拆開禮盒一看，裡頭的玩偶竟然壞掉了」。

特別是，**如果顧客因此感到丟臉，或是覺得大家對他的評價變差，他不只會感到恐慌，還很容易去投訴。**

憤怒的原因❸ 角色期待落空

所謂的角色期待，指的是「這個角色的人應該要這麼做」的一種隱含的期待。

- 在現在的時代，雙薪家庭的丈夫當然也要分擔家事。
- 不管回到家已經多晚，妻子都應該要煮好晚餐，等我一起吃。
- 當下屬的應該要主動留下來陪主管加班，這才稱得上是社會人。

這些都是對有緊密關係的對象所抱持的期待。

不過，即便是對素未謀面的陌生人，人們也會抱著隱含的期待。

- 父母應該要管好自己的孩子，別讓孩子在公共場所大吵大鬧。
- 現在已經沒有人會亂丟菸蒂了。
- 看到年長者就應該讓座。

不管是親密對象還是陌生人，**當對方的行動符合自己的期待時，人就會感到滿意。相反的，如果對方沒有依照自己的期待去做，人就會感受到壓力。**

顧客往往會對店家或是公司、店員、負責人，抱持著角色期待。例如：

- 我可以放心地在這家店接待賓客。
- 這裡的商品不會動不動就故障。
- 雖然負責人換了，但應該可以提供跟以前一樣的服務。

以上就是最常見的三種憤怒原因。但事實上，投訴背後的原因並非那麼單純，有些甚至會包含兩種以上的原因。

所以，很重要的一點是，在面對投訴時，一定要先**想像隱藏在背後的真正原因是什麼，以便做出適當的應對**。

- 發生了什麼讓顧客感到心靈或自尊心受傷的事情？
- 顧客原本打算做什麼？
- 顧客期待我怎麼回應？採取什麼行動？

根據這些疑問，去想像對方遇到什麼困難而發出求救訊號，藉此找出引導對方說出「是的」的說詞，或是「對方期待的答案」。

讓對方說出「是的」的訣竅❹ 掌握顧客的心情

除了分辨顧客憤怒的原因之外，也別忘了要掌握他當下的心情，因為在表面上的憤怒情緒背後，往往隱藏著「難過」、「不甘心」、「擔心」、「羞愧」等各種不同的心情。

在引導對方說出「是的」的時候，一定要仔細觀察並讀取對方隱藏在背後的心情。只要精準掌握到對方的心情，就能盡早讓對方說出「是的」。

相反的，如果你毫不在意對方的心情，只是為了擺脫當下的情況而做出應對，就會招致類似以下案例的結果。這也是我自己的親身體驗。

案例11 啤酒杯裡的玻璃碎片

這是某個酷暑之日，我到居酒屋喝酒時發生的事情。

我端著啤酒杯暢飲著冰涼的啤酒，大概喝了三分之一左右時，突然聽到啤酒杯底部有硬物輕微碰撞的聲音。「咦？」我仔細一看，發現杯底竟然有玻璃碎片。

我找來一位年輕的女店員，小聲地告訴她：「這個酒杯的底部有玻璃碎片喔！」我並不想把事情鬧大。

女店員低聲說了句「啊！對不起、對不起！」，隨即把酒杯收走，馬上換了一杯新的啤酒給我。這可能是按照應對手冊的處理方式。

但是，我對這樣的處理方式不是很滿意：「不會吧？就這樣嗎？萬一我的嘴巴已經被玻璃割傷，或是已經把玻璃碎片喝下肚了，怎麼辦？」

我又把女店員叫過來，語氣平靜而堅定地說：「可以麻煩你請店長過來嗎？」

於是，她馬上到內場找負責人，沒多久就聽到內場傳來一陣咆哮聲。

「奇怪了，為什麼要我去處理？啤酒又不是我負責的！」

不久後，女店員回來告訴我：「今天就算免費招待，不跟您收錢。」

當然，這完全不是我的本意。

我對這草率的處理方式感到很失望，從此再也沒有去過那家店。

看完這個案例，大家可能會覺得：「先不說店長罵人的部分，一般的處理方式不都是這樣嗎？既然都不收錢了，那就算了吧。」

但是，站在客訴管理顧問的角度，這種事當然不能就這樣算了。

即便是站在一般顧客的角度，**這位店長的處理方式根本連身為一個人最基本的常識都沒有做到**。

我發現玻璃碎片時，很擔心「萬一我喝下肚了，怎麼辦……」。

我明白女店員沒有惡意，但是她讓我看到的是「依照應對手冊處理顧客的問題，讓自己和店家免於被顧客的憤怒波及」的自保態度。這讓我的心情從原本的擔心轉變成憤怒。

當情況演變成顧客被激怒，或是快要生氣的時候，需要的不是讓自己擺脫困境的應對手冊式處理方式。

而是要站在對方的立場，思考其當下的感受。

以這個案例來說，**女店員應該要理解我擔心「說不定自己已經把小玻璃碎片喝下肚」的心情，做出能安撫這股不安心情的應對。**

具體來說，正確的作法應該在第一時間關心對方的狀況，例如：「您還好嗎？有受傷嗎？」

如果她再接著說：「真的很抱歉，啤酒裡竟然會有玻璃……」我應該會回應說：「就是啊，真的要小心！」這時，我心裡的不安和憤怒應該會緩和許多。

若是能進一步針對後續的情況表達關心，例如：「萬一您覺得哪裡不舒服，請立刻告訴我們。為了以防萬一，方便留下您的大名和聯絡電話嗎？」相信我應該會對店家的這種處理方式感到滿意，日後也會繼續光顧。

讓對方說出「是的」的訣竅⑤

代替顧客說出他的感受

到目前為止，處理客訴的你已經透過同調的手法，把自己調整成跟顧客一樣的節奏，也掌握了對方的「憤怒原因」和「感受」。

最後要做的，就是**用一句話來引導對方說出「是的」，讓對方徹底瞭解你跟他是站在同一邊的。這時候的訣竅，就是「代替顧客說出他的感受」**。

到目前為止，為了讓大家正確瞭解超共感術的原理，我將它細分成幾個訣竅來說明，但事實上，只要把焦點擺在「代替對方說出感受」，自然就能找出對方憤怒的原因和當下的情緒。

顧客想要的是「盡快解決困擾自己的問題」，並不想聽引發問題的原因或是解決過程等解釋。你解釋得愈多，對方反而會覺得「我要聽的又不是這個」，只會更生氣。

與其做正確的說明，你應該替顧客說出他的感受，這會讓他覺得「這個人懂我」，就更容易說出「是的」，連帶地憤怒也會立刻平息下來。

如果你要解釋，也得等到對方說出「是的」，怒氣平息下來，找到解決對策之後再說。

案例12 常溫啤酒

炎熱的夏天裡，在太陽下山之後，空氣中依舊充滿熱氣。好不容易結束工作，下班了，「在這種天氣，當然要喝一杯冰啤酒！」於是，我便和同事相約到居酒屋喝酒。

然而，當我們穿過門簾進到店內，卻發現裡頭滿滿都是人。叫了好幾次，店員只會說「請再稍等一下」，始終沒有人過來。

「看來大家都想喝酒呢！」我們只能苦笑著繼續等下去。好不容易終於點好菜，接下來卻遲遲等不到啤酒。

大約過了十五分鐘，大杯啤酒終於送上來了。「等好久了呀！」就在大家開心拿起酒杯時，「咦？杯子怎麼不是冰的」一股不好的預感油然而升。喝下一口，果然！啤酒根本就是常溫的。

「等了這麼久，結果竟然是常溫啤酒！」

同事氣不過，把正好經過的店員叫住，質問對方：「喂！這啤酒是怎樣？根本是溫的啊！」

被叫住的店員也許是因為太忙了，一臉不耐煩地回應。
「啊，不好意思，因為突然來了一大群顧客，店裡有點忙不過來。冰啤酒的話，大概再等三十分鐘左右就有了。」

怎麼樣？各位應該瞭解我的意思了吧。

店家所謂的「突然來了一大群顧客」的解釋，以及「再等三十分鐘就有冰啤酒」的正確說明，都不是在面對氣頭上的顧客時，第一時間該說的話。這些話都只會讓顧客聽了更生氣而已。

那麼，這時候該說什麼才好呢？以這個案例來說，當時店家正忙得不可開交，沒時間等顧客的情緒冷靜下來，必須做出即時處理。

此時，店員更要像前面說過的，先替顧客說出他的感受。

以這個案例來說，可以配合顧客的憤怒，大聲地這麼回應：

「真的很抱歉！這麼熱的天氣，喝溫啤酒真的不太對味。」

顧客聽到這裡，肯定會附和說：「就是啊！根本喝不下去。」怒氣也會稍微緩和下來。

這時候，顧客已經把你當成「自己人」，**至少原本衝著你來的怒氣已經消失了。**

接著，你再跟顧客說明店裡的狀況，以及能提供冰啤酒的時間，由於對方早已不再生氣，事情應該就能順利解決了。

讓顧客說出「是的」的訣竅——總整理

1 配合顧客的節奏

↓藉由同調的技巧，讓對方在無意識間對你產生好感。

2 讓對方說出「是的」，激動的情緒冷靜下來
↓只要成功讓對方說出這句話，怒氣就會減半。

3 不斷引導對方說出「是的」，從中尋找憤怒的原因
↓不要急著問出導致此情況的原因！

4 掌握顧客的心情
↓掌握隱藏在憤怒背後的「情緒」。

5 代替顧客說出他的感受
↓引導對方說出「是的」，讓他認為你跟他是站在同一邊的。

處理客訴時，考驗的是你的工作態度

透過前面的內容可以知道，要讓在氣頭上的顧客說出「是的」，你必須調整自己的心態，才有辦法理解顧客的抱怨和憤怒。

一般人被顧客大聲咆哮時，都會不自覺地怪罪對方，例如：「遇到吃炸藥的顧客了」；不然就是感嘆自己的運氣不好，例如「今天真倒楣」。

但是，面對客訴時，我們也可以把它當成瞭解「自己欠缺什麼」的寶貴機會。

當顧客生氣時，**一心想著「想辦法安撫，讓對方盡快離開」的人，與思考「讓對方感到滿意，藉機把對方變成回頭客或是忠實粉絲」的人**，兩者在第一時間的應對和說法上會有很大的差異。

這個差異會直接反映在顧客的憤怒或是滿意度上，最後回歸到應對者的身上。

也就是說，**在處理客訴時，考驗的還有你對工作的態度，也就是——「我是為了什麼而工作？」**

不過，每個人工作的理由和目的各不相同，對某些人來說，也許很難把公司或顧客擺在工作的第一位。

如果你是這樣的人，可以先試著把自己在應對顧客時常用的說法寫下來。**當你發現「這樣說效果不錯」、「這樣反而讓對方更生氣」，漸漸地就會愈來愈瞭解顧客當下的感受。**

奇妙的是，當你明白這些之後，客訴應對會變成一件很有意義的工作。

專欄

以提升服務爲目的的客訴應對

要用打動顧客內心的說法來引導對方說出「是的」，必須要從對方的生活狀況和社會背景，來瞭解他求救的內容，也就是盡量透過觀察與傾聽，去**想像並察覺對方的訴求背後的原因。**

舉例來說，假設超市裡有顧客生氣地抱怨：「買回去的東西壞掉了。」遇到這種情況，員工的處理方式通常都有標準流程，例如：「非常抱歉。請問您是要退貨，還是要換新的？也要麻煩您讓我們確認一下收據。」

這種處理方式確實可以平息顧客表面上的怒氣，但**如果只做到這樣，就沒辦法知道顧客真正想表達的意思**。所以，你必須要進一步詢問對方遇到什麼困難。

如果顧客的抱怨是針對生鮮食品的品質，你應該先問：「請問您是什麼時候買的？」「請問您原本打算要買來做什麼？」確認收據之類的事情，等到之後再說。

假設顧客的回應是：「我昨天才買的草莓，今天早上要吃的時候就已經壞掉了。」很幸運的，你從這句話已經知道「東西是什麼時候買的」，所以你應該順應對方的感受來做出回應：「真的很抱歉，您原本早上那麼期待，讓您失望了。」

如果顧客提到「我本來想拿來給孩子帶便當」，你可以說：「真的很抱歉，便當裡沒有草莓，孩子應該很失望吧。」

假設顧客的回應是「我今天買的草莓……」，你就應該針對這一點來回應對方：「不能讓您馬上吃到草莓，真的非常抱歉！」

另外，如果是老人家帶著一個星期之前購買的，如今已經壞掉的草莓來到超市投訴，這時候你的想法不應該是「都已經過了一個星期，當然會壞掉」，而是應該要想到老人家每天吃的東西不多，回應對方說：「是我們設想不周，應該要提供小包裝的商品才對，真的非常抱歉。」

聽到這種回應，顧客也會發自內心說出「是的」、「就是啊」等肯定的說法。

藉由這樣的互動，**不僅能增加顧客的滿意度，同時還能獲得提升服務的靈感。**

第 5 講

針對各類型顧客的超共感術實踐方法

針對「顧客類型」做不同的回應，提高顧客的滿意度

到目前為止已經介紹了超共感術，以及如何有技巧地引導顧客說出「是的」。

接下來要介紹的是**各類型顧客的應對重點，以求縮短應對時間**。根據顧客的類型，在原本的超共感術之外再加上一些小技巧，就能大幅縮短處理客訴的時間。

另外，這一講的內容主要是針對那些可以透過解決客訴，讓顧客和店家或公司雙方都朝著更好的方向前進的「應該解決的客訴」。即便是不好應對的顧客，只要對方的求救內容合理，就一定可以用超共感術來順利解決。

至於那些以金錢為目的，或是為了發洩情緒等無法解決的「惡質投訴」，就必須要用超共感術以外的方法來應對。這部分就留待第6講再介紹。

話不多說，就讓我們來看看不同類型的顧客所需要的應對重點。

各類型顧客的應對重點❶ 一開口就「大聲咆哮」的顧客

在我為講座學員所做的問卷調查當中，大家覺得最棘手的客訴類型第一名就是「大聲咆哮的顧客」。

實際上，接到罵人的投訴電話時，由於無法得知聲音以外的任何訊息，很難掌握顧客的情況，也就很難做出適合的應對。另一方面，當面被顧客怒吼時，應對者也會受到對方怒氣的影響，因此變得容易緊張而感到畏縮。

甚至有時候顧客都還沒開口，但是光從對方走過來的動作和表情，應對者就知道「慘了，要被罵了」，於是提前做好心理準備。

不過，大家要知道的是，**相較之下更容易平息對方怒氣的情況，就是這種一開口就罵人的顧客**。

也許各位會想：「這很簡單？那麼你說該怎麼做？」

就讓我從結論來說。處理這類客訴情況時，請你在第一時間這麼做：

使用跟顧客罵人的聲音一樣的近似怒吼的語氣，來跟對方道歉！

因為方法過於簡單，學員們聽到時，一開始大多是半信半疑，都會質疑：「用怒吼的語氣道歉，不會反而讓顧客更生氣嗎？」

我瞭解大家的心情，不過，這個方法至今從未失敗過，大家可以放心地學起來。當然，這個方法也是有根據的。

其實，大部分會大聲責罵店家的顧客，心裡多少都期待著可以藉此讓店家的態度退縮。換個方式來說，他們想要藉由怒罵來讓店家畏縮，好讓自己在接下來的談判中占有優勢。也就是說，他們的想法是「只要我先罵人，對方應該就會嚇得退縮而道歉」。

不論對方是有意識還是無意識地這麼做，當他抱著這種期待卻意外得到你的大聲道歉，頓時就會被你的氣勢壓倒而退縮。

這時候，你的機會就來了！你必須緊接著採取行動，讓生氣的顧客冷靜下來。

最好的辦法就是請對方移動到一個可以讓人冷靜的地方坐下來。如同在第4講說過的，人在生氣時血壓會上升，每分鐘的心跳次數會超過一百次。在這種情況下，人的大腦是沒辦法進行理性溝通的。

因此，為了讓對方的心跳慢下來，最好的辦法就是請對方坐下來。而且，這個動作會使用到大腿的肌肉，使血壓恢復穩定。

也就是說，你要做的不是「透過解釋原因，讓顧客冷靜下來，恢復穩定心跳」，而是「請顧客坐下來，藉此讓他的心跳恢復穩定，冷靜下來」。先做到這一點，接著才是想辦法引導對方說出「是的」。

不過，大聲道歉的意思並非要你認錯。舉例來說，你可以這麼說：「讓您特地跑一趟，實在很抱歉！」**透過限定道歉項目的說法（「特地跑一趟」），針對對方投訴內容以外的事情大聲道歉。**

然後，**趁著對方被你的語氣嚇到退縮時，引導對方到旁邊坐下來。**

倘若現場沒有椅子，你就引導對方到內場或是櫃檯角落，你可以說：「我們到這邊慢慢聽您說明問題。」這時候，**你的位置應該要坐在顧客的斜前方，而不是正前方**，這樣才能避免眼神相對而給人對立的感覺。

透過以上這些方法，顧客不僅會冷靜下來，大多也會因為你的氣勢而不再怒吼。接下來，你就可以進入引導對方說出「是的」的階段。

另外，針對罵人的投訴電話，雖然你無法請對方「坐下來」，但是用怒吼的語氣來道歉的效果是一樣的。

平常接電話時，記得要保持清晰有力的語氣，而且語尾音調要上揚。如果你習慣用平靜的語氣且語尾音調下降，萬一被顧客大聲責罵時，就很難立刻提高音調，用大聲的語氣跟對方道歉。

各類型顧客的應對重點②

話說到一半突然「發飆」的顧客

不同於一開始就大聲咆哮的顧客，最難應對的是那種原本說話很平靜，說到一半卻突然開始怒罵的顧客。

即便如此，面對面被罵的時候，你還是可以從顧客的肢體語言察覺對方的憤怒程度，例如，話說到一半臉色突然改變，或是開始抖起腳來等。這時候，你就能搶先一步採取行動來預防。

最麻煩的是投訴電話，由於應對的人很難掌握顧客生氣的預兆，就會變成「突然被罵」，一時間不知道該怎麼做。結果，對方可能愈罵愈起勁，或是突然掛電話，讓人不知如何應對。

照理說，當顧客說話還算冷靜的時候，如果能好好引導對方說出「是的」，應該就不會發生突然間暴怒的情況。**顧客會突然發飆，背後一定有原因。**

話說到一半突然發飆的顧客，大多有一種共通的傾向，就是認為「對方會依照我期待的方式做出回應」。找出這個「顧客期待的回應方式」，就是控制對方怒氣的第一步。

因此，就跟應對一開口就大聲咆哮的顧客一樣，面對突然發飆的顧客時，你可以當下立刻**大聲跟對方道歉，例如「很抱歉讓您感到不愉快」**。

即便自己是對的，但**造成對方不開心是事實**，所以就算你不是心甘情願的，也要針對這一點跟對方道歉，而且要大聲說出來。

這麼一來，對方就會**開始說出自己「憤怒的原因」或「期待聽到的答案」**，例如：「因為你一直讓我說同樣的話」、「一般來說不是會馬上換新的嗎？」**這一刻就是你的機會。**

你應該進一步表達歉意，例如：「您會這麼想，我完全可以理解！沒能滿足您的要求，實在非常抱歉。」大部分的顧客聽到這裡，都會回應說：「就是啊！」

當顧客說出這句肯定的話之後，情緒也會跟著慢慢冷靜下來。到了這個階段，你就算是成功了，可以進入下一個階段，也就是引導對方繼續說出「是的」。

另外，道歉時要小心，別把「沒能滿足您的要求」說成了「無法滿足您的要求」，否則會讓顧客變得更生氣，認為：「現在還沒有經過充分討論，你就決定『不處理』了嗎？」

這種小口誤，往往會導致事情演變成難以收拾的重大客訴。

可以的話，建議店家和公司應該事先準備好「客訴應對常用句型」之類的東西。**處理客訴時，應對人員的臨機應變非常重要，所以「應對手冊」幫不上什麼忙，但是能填入詞彙的「句型手冊」就有用多了。**

此外，如果你激怒了顧客，事後一定要回過頭來思考引發對方生氣的原因是什麼，並且將它列為「NG句型」，分享給同事。

如同前面所說的，原本一直很冷靜的顧客會突然間發飆，一定有其原因。例如，你沒辦法在一開始成功引導顧客說出「是的」，接著說話時又不小心踩到顧客的地雷等，應對失敗的原因應該是出在應對者這一方。

那些會踩到地雷的關鍵詞，一定要避免再次使用。

因此，對於哪些說法會激怒對方，一定要有清楚的掌握才行。

各類型顧客的應對重點❸

「講道理」的顧客

有些顧客不會激動罵人，而是用講道理的方式來責備你。這類型的顧客通常都認為自己的知識和理論可以幫助你，而且在他們的內心深處都有著「希望對方感謝，佩服我教他們的事情」的認同需求。

因此，**面對這類講道理的顧客，你可以表現出對他說的話或是想法感到「佩服」，以滿足他的認同需求。**

這時候，你不需要對他的意見表示認同。舉例來說，假設顧客的意見完全搞錯方向，你可以用以下的方式表示肯定。

「是喔！原來可以這麼思考。」

「原來還有這種想法，是我懂得太少，非常抱歉。」

這種說法的重點在於，你並沒有說對方的意見是對的。但即便如此，由於顧客的認同需求得到滿足，他仍然會自豪地回以肯定的說法。

因此，面對講道理的顧客，在應對時的傳達方式上，你要避免直接從「能做到什麼」、「什麼辦不到」等結論說起，因為他們喜歡從頭開始聽對方依序說明。

總結來說，你必須**先對對方表示欽佩，再引導對方說出「是的」，然後針對引發問題的原因做說明，最後才告知「能做到什麼」或「什麼辦不到」等結論**。這才是這類型顧客最容易接受的順序。

另外，你在說明原因時，要注意，即便對方的說法或理論是錯的，也不要過度追究。

講道理的顧客通常都對自己的理論很有信心，一旦你公開指出他的錯誤，他為了維護自尊心，很可能會在自我防衛的本能驅使之下惱羞成怒。

在應對的最後，你可以**用感謝來結尾，例如：「非常感謝您，我會將您的寶貴意見確實傳達給主管。」**

千萬別忘了，會抱怨的顧客大多是抱著「希望能幫上忙」的心情。

各類型顧客的應對重點❹

一直堅持「自己是對的」的顧客

即便你已經配合對方的節奏，也多次成功引導對方說出肯定的說法，但有些顧客還是會一直堅持「自己是對的」，或是「你們必須用○○作為賠償」，無法接受你的主張。

遇到這種顧客，往往會讓人不知道對方是單純「無法溝通」，還是「居心不良的惡劣顧客」。不管是哪一種，你在現場只有一種應對方法。

那就是果斷地拒絕對方，例如：**「無論您說幾遍，我們都無法答應您的要求，這一點希望您能理解。」**

假使對方還是無法接受，你就先留下對方的聯絡方式，告訴對方：「過幾天我們的主管會再跟您聯絡。」給對方一段冷靜的時間。

此時，從對方聽到「過幾天」這個說法的反應，就能判斷他是不是居心不良的惡劣顧客。

假如對方拒絕透露自己的名字和地址，或是出言恐嚇說：「不要說什麼過幾天，現在就拿出誠意讓我看看！」就表示對方可能是居心不良的惡劣顧客。

這時候，你就要以堅定的態度拒絕對方（詳細內容請見第6講）。

各類型顧客的應對重點 5

說法「偏離事實」的顧客

舉例來說，有時候政府受理民眾意見的窗口，會接到「幫我減少稅金！」這種法律上無法受理的投訴。

遇到這種投訴，雖然你會很想直接回應對方：「每個人要繳的稅金都是依照稅法正確課稅，所以沒辦法少收。」但很可惜的是，這樣只會讓對方的怒火一發不可收拾。就算你跟對方詳細說明稅金的計算方式，也得不到對方的理解。

在面對這種顧客時，最有效的應對方法就是，**透過對話找出對方憤怒背後的需求或真正的問題，提供替代解決方案，而非滿足對方原本的要求。**

以這個有關稅金的投訴來說，你可以利用提問來找出對方真正的問題，例如：

「您今年要繳的稅比去年多嗎？」假設對方回答：「對啊，我的收入明明比去年少，結果要繳的稅金卻比去年還要多！」這就表示對方中了你的計，這時候你可以請對方將帳本帶來，讓你慢慢地為他說明，甚至順利的話，說不定連分期付款或保險費的問題也能一併解釋清楚。最後，你再提供對方繳稅以外的解決辦法，並引導對方去詢問相關的負責窗口。

事實上，以前就算遇到不是我負責範圍的投訴內容，我也是用這個方法成功讓對方感到滿意。

如果你想不到替代的解決方案，也不必勉強，可以跟對方說：**「這個問題我沒辦法決定，等進一步確認之後，我會再跟您聯絡，謝謝。」**為自己爭取一些時間。

在這段時間內，對方可能會發現自己的錯誤，或者怒氣會隨著時間自然消失。再者，這樣的說法也表示你會確認清楚之後再下結論，對方也比較容易接受。

各類型顧客的應對重點❻

溝通到最後可能變成「無意義的爭論」的顧客

跟顧客之間，就算為了「有說過」或「沒說過」，爭論到快要吵起來，應對者也絕對不能跟顧客說：「我沒有這麼說過。」或是「這種話是誰說的？」**假如顧客堅持「你有說過」，即便你一再解釋「我沒有說過」，也只是在浪費時間**。也許你會氣得想大罵：「真是講不通！」但是，爭論這種毫無意義的事情，對解決問題一點幫助也沒有。

人類本來就是「只會聽對自己有利的部分」，再說，你也不能完全排除自己可能做了會引起誤解的說明。你必須要理解，自己和顧客在解釋上有所出入是很正常的事，不要讓自己因此變得太激動。

當雙方快要變成無意義的爭論時，能成功引導對方說出「是的」的方法，就是先避免掉入無意義的爭論中，你可以說：**「原來您聽到的是這樣。」**在接受對方說法的同時，緊接著針對特定的事情表達歉意，例如：**「造成您的不便，真是非常抱歉。」**

「造成不便」的說法是在替顧客說出他的感受，因此有很高的機率可以成功讓對方做出肯定的回應。

到了這時候，你就可以開始進入解決問題的階段，例如，你可以告訴對方：

「我這邊有個目前最好的解決辦法，您要聽聽看嗎？」

各類型顧客的應對重點 7

「多位」一起抱怨的顧客

在以前，如果遇到夫妻或是情侶檔顧客生氣的場面，情況大多是男子生氣得對員工大聲咆哮，女子則在一旁不停地安撫男子的情緒。

但是，近年來經常看到兩人一起生氣怒罵的場面，這對員工來說是相當棘手的情況。

一個人不管再怎麼怒吼、罵人，頂多二十分鐘就算極限了。隨著時間拉長，顧客的情緒會慢慢冷靜下來，這時候就是應對者最好的機會，可以進一步採取行動，引導對方說出「是的」之類的肯定說法。

但是，如果對方是一對夫妻，丈夫罵完換妻子罵，妻子罵完之後，稍微休息喘口氣的丈夫又開始發飆，應對者就會這樣無止盡地一直被罵個不停。

我甚至聽過有「被輪流罵了一個多小時」的案例。這種情況不只發生在餐廳等服務業，父母兩人一起到學校投訴，或是兄弟姊妹一起到照護中心投訴的情形，也愈來愈多了。

在一般談生意或是銷售現場等場合，如果對方不只一人，這時候通常會先找出當中的關鍵人物去接近。這個方法同樣也適用在被投訴、怒罵的場合。

以投訴場合來說，關鍵人物當然就是「當事人」。假設購買商品或服務的人是妻子，那麼跟那位妻子直接對話，就是解決問題最快的辦法。

但是，有時候也會有**「丈夫特地代替妻子出面」**的情形。這時，**基本上可以直接跟那位丈夫對話，至於事件的詳細經過，則是跟那位妻子確認。**

假設那位丈夫氣消了之後，那位妻子又緊接著開始咆哮，你應該清楚地告訴對方：「請讓我先跟您丈夫談談。」倘若那位妻子還是不退讓，堅持「受害者是我欸！」，你可以說：「關於事件經過的部分，我會再跟您確認。」用堅定的態度讓對方知道，你只要跟他們其中一人進行主要的談話。

反過來，如果是「妻子代替不太會說話的丈夫出面談判」的情況，就要把那位妻子當成關鍵人物來看待。

假如你無法判斷誰才是關鍵人物，則應該把態度比較強勢的那個人視為關鍵人物來應對。

根據我個人的經驗，如果丈夫的穿著打扮看起來比妻子昂貴，很可能就是比較強勢的那個人；相反的，如果兩人的關係看起來是妻子催著丈夫說話，則強勢的一方很可能就是妻子。

各類型顧客的應對重點❽

「年長」的顧客

近年來最讓第一線人員感到頭痛的，莫過於高齡世代的客訴了。不只是電話客服中心，包括公家機關、醫院、店家等，很多地方都為了處理年長者的投訴而傷透腦筋，甚至影響到日常業務的運作。

這些年長者的投訴現象，從團塊世代退休之後，就開始變得愈來愈明顯，因此在客訴處理專家之間，將這個現象稱之為「團塊客訴」。

「面對一直抱怨個不停的年長者，到底該怎麼應對呢？」

經常有人問我這個問題。事實上，這個問題非常困難。

在回答這個問題之前，先讓我們想想提出投訴的老人家的心情。

案例13 等到察覺的時候，投訴已經成了生活的重心……

兩年前，K六十五歲，從大企業退休。雖然過去他在激烈的競爭中，一路爬到部長的地位，但是在退休之後，就只是一個普通的老人家，身邊再也沒有唯唯諾諾的下屬，自己也沒有喜歡的興趣，跟家人之間很少聊天，生活就是窩在家裡無所事事地度過。

每天都必須為K準備三餐的妻子，心裡的不滿愈積愈多，某一天終於忍不住爆發，丟下一句「你自己的事情自己做！」之後就離開了……

每天一打開電視，看到的盡是一些匯款詐騙或是繭居族的新聞。這些人不同於過去每天拚命工作的自己，而是想要輕鬆過生活。一想到這裡，K就覺得非常生氣。

「等到以後你就知道痛苦了！」「工作可不是那麼簡單的事情！」雖然他很想這麼大聲喝斥，但是，身邊沒有任何願意聽他說話的對象。

剛退休的第一年，K偶爾還會跟同期退休的同事朋友一起喝酒聊天，可是，後來因為各自家裡的事情或是健康問題，現在已經很少見面了。一直以來，除了工作上的需求以外，他都沒有另外結交朋友的必要，如今就算想認識新的酒友，也不知道要去哪裡找人，更不知道要怎麼交朋友。

K在家裡找不到自己存在的意義，在外面沒有朋友，也不知道自己要做什麼……一想到這種孤單的日子接下來還要持續好幾年，K的心裡就開始萌生一股莫名的不安。

事情就發生在這樣的某一天。K在某企業的印刷物上發現錯誤，由於自己年輕時也待過公關部門，擔心這個小疏失會引發嚴重的問題，基於好心便打電話告知該企業的客服中心。

「不知道會不會被當成找麻煩的惡劣顧客……」K帶著些許的擔心撥了電話。

接電話的客服人員很有禮貌地聽完他的話，最後還跟他道謝：「非常感謝您的指正。」

「我還是有用的！」K久違地發揮自己的能力幫助了他人，內心充滿成就感。

從此之後，K只要一發現有什麼錯誤，就會打電話給企業或是公家機關。一開始當然是基於好心，但是到後來，他漸漸變成為了打電話而專程找錯誤，只要發現一點小錯誤，就立刻打電話投訴。

尤其是，他會鎖定一些不太會掛民眾電話的客服中心和公家機關、地方政府機關等。對方會一直「是的」、「是的」地聽他說話，不管是三十分鐘還是一小時，最後還會跟他說「謝謝」。

這讓K難以停止自己的行為。

有一次，他一如往常地打電話給某企業的客服中心，接電話的客服人員似乎是個還不太懂得應對的新人，非但沒有感謝K的來電，反而還毫不客氣地責怪起K：「可是……」

K不禁激動地怒吼道：「我可是顧客耶！」

客服人員這才慌張地改變語氣：「非常抱歉！」開始向K道歉。

K情緒激動地想：「我還是很有威嚴的，只要大聲喝斥，對方就會嚇得退縮。」

這便是「銀髮惡劣顧客」誕生的瞬間。

如今，雖然團塊世代飽受批評，但不可否認的是，他們的確為日本現今的富裕奠定了深厚的基礎。然而，針對他們除了工作以外沒有別的興趣，或是容易成為家中負擔的情形，用一句「那是你自己的責任」就輕描淡寫地打發，對他們來說實在有點可憐。

當然，即便是這樣，也不表示處理客訴的人就必須全盤承受這些老人家的寂寞和壓力。

只不過，**從年長者的投訴當中，也能獲得許多有用的資訊。**考量到今後銀髮族的人口會愈來愈多，如何善用這些資訊，可以說決定了生意的成敗。

那麼，對於有好有壞的年長者的投訴問題，到底該怎麼應對呢？

重點有以下兩個。

銀髮族應對策略① 縮短跟銀髮惡劣顧客應對的時間

面對投訴次數頻繁、占據大量時間的惡劣顧客，在應對時務必記住以下要點。

長時間投訴的銀髮惡劣顧客的應對重點

- 一開始就不要只是靜靜地聽對方抱怨。
- 不管怎樣都要想辦法讓對方多次說出「是的」，遵守超共感術的基本原則。
- 一旦對方沒有要停下來的意思，只要錯不是在自己這一邊，就應該限定應對時間。

例如：「不好意思，由於還有下一個顧客在等待，所以我們必須在五分鐘內結束這次對話。如果需要我們的回答，我們後續會再跟您聯絡。」

只不過，不管對方來投訴幾次，一定都要面帶微笑接待，面對電話投訴時也是一樣。因為再怎麼說，對方終究是顧客。

銀髮族應對策略❷ 排除每次都會大聲咆哮的銀髮惡劣顧客

就算是顧客，如果每次他都大聲咆哮，也會對別的顧客造成困擾，而且還會影響到現場的工作，對接待人員的心理造成傷害，算是一種妨礙業務的行為。

面對這類惡劣顧客的應對要點如下。

大聲咆哮的銀髮惡劣顧客的應對重點

- 只要對方大聲咆哮，自己就用比對方更大聲的方式回應，但要注意自己的用詞。
- 若是對方繼續怒吼，就告訴他，「這樣會給其他顧客造成困擾」，把對方引導到單獨的房間處理。這時候，千萬不能太有禮貌，避免讓對方誤以為「自己是重要人物」。
- 假如對方還是繼續咆哮，就告訴他，「為了維護雙方的權益，接下來的對話將會進行錄音」，並且當著對方的面開始錄音，藉此給對方壓力。
- 如果是透過電話溝通，就趁著對方喘息的空檔，大聲地說：「關於您的這個問題，我無法為您解答，因此稍後我們會再主動致電給您。」並且留下對方的姓名和聯絡電話。

我由衷地希望大家都能想辦法，將年長的顧客當成一般顧客來保持良好的關係，而不是將他們視為銀髮惡劣顧客而排除在外。

「各類型顧客」的應對重點——總整理

1 一開口就「大聲咆哮」的顧客

↓使用跟對方一樣的、近乎怒吼的語氣道歉。

2 話說到一半突然「發飆」的顧客

↓先大聲地向對方道歉，之後，如果對方開始說自己發飆的原因，或是希望得到的答案，就要對對方的感受表示肯定，並引導對方說出「是的」。

3 「講道理」的顧客

↓對對方說的話或想法表示欽佩，滿足對方希望受到肯定的心情。

4 一直堅持「自己是對的」的顧客

↓用堅定的態度告訴對方，無法滿足他的要求。

5 說法「偏離事實」的顧客

↓找出對方憤怒背後的需求或真正的問題，提供替代解決方案，而非滿足對方原本的要求

6 溝通到最後可能變成「無意義的爭論」的顧客

↓用「原來您聽到的是這樣」的回應方式，針對特定的事情表達歉意，提供目前能做到的最好辦法。

7 「多位」一起抱怨的顧客

↓鎖定「關鍵人物」進行對話，清楚表明自己只跟其中一人進行主要

的對話。

8 「年長」的顧客

↓對於話說個不停或不斷投訴的年長者，應該限定應對時間。如果是大聲咆哮的年長者，就用同樣的音量回應對方，並告訴他，「為了維護雙方的權益，接下來的對話將會進行錄音」，讓對方產生壓力。

專欄　設定「規範」，避免投訴者變成惡劣顧客

接下來第6講的內容，是針對用一般的應對方法難以解決的客訴類型，以及居心不良的惡質客訴。在介紹這些應對方法之前，有一點我想先說明的是，**企業整體應針對客訴或糾紛事先制定「規範」（應對範圍）的重要性。**

所謂的規範，指的是企業必須事先做好決定，針對發生在公司責任範圍內的事故，公司將提供何種程度的賠償，權限又是掌握在誰的手上。

如同前面說過的，第一線人員是「企業給人的第一印象」，所有的第一線人員都應該以此為傲，並且用這樣的心情去接待顧客。**為了讓第一線人員能夠充滿自信地以「公司的第一印象」的角色去處理客訴，公司必須制定一套能夠當作客訴**

應對判斷標準的「規範」。

特別是大型組織或是連鎖店，如果沒有一個整體統一的應對標準，恐怕會讓客訴情況變得更複雜，例如：「〇〇分店都可以，為什麼這裡不行？」

我自己以前在全國擁有兩千家分店的超市擔任客訴管理顧問時，發現每家分店處理客訴的方法都不一樣，便著手制定了一套規定。

每到下雨天，超市就常發生顧客在店裡滑倒，後續演變成客訴的事件。在這家連鎖超市當中，針對顧客在店門外的階梯以及在店裡滑倒，有些分店會有不同的處理方式，有些分店的處理方式則是一致。

另外，關於在店裡滑倒的慰問金，有些分店會將計程車費和第一次的醫藥費包含在內，有些分店只會支付第一次的醫藥費，處理方式各不相同。

不只是這樣，關於店長可以做多少決定等權限的部分，同樣也沒有明確的規定，因此，造成有些分店在店長的權限下，甚至還會支付薪資損失賠償給顧客。

後來，我指導他們制定了一套全國分店通用的規範，並將權限明確地交給適當職位的人員。

只要確實制定好規範，就可以大幅減輕第一線人員處理客訴時的負擔，也能更輕易地辨識出惡劣顧客。

在第一線處理客訴的人員也是，針對自己究竟被賦予多少權限，一定要事先跟主管確認清楚才行。

第6講

「棘手的客訴」與「惡質客訴」的應對方法

「棘手的客訴」與「惡質客訴」的差異

到目前為止，本書都是針對一般客訴，說明如何引導顧客說出「是的」，並且將你視為跟自己站在同一邊的人。但是，也有超共感術無法適用的情況，那就是惡劣顧客引發的「惡質客訴」。

在一般的客訴中，即便投訴者再怎麼生氣，或是提出的要求再怎麼無理，背後的目的都是「希望自己的問題能夠得到解決」。因此，我們可以透過超共感術來平息對方的怒氣，藉此解決對方的問題。

然而，**惡劣顧客的目的往往都是「金錢」或是「藉由誹謗中傷來達到自私的自我滿足」**。由於對方根本就不想要解決問題，超共感術當然發揮不了作用。

對於惡劣顧客，必須透過後續內容會介紹的特殊方法來應對，但在此之前，必須先分辨自己遇到的**是比較激動的一般投訴者，或是真正的惡劣顧客所引發的「惡質客訴」**。

只不過，要分辨這兩者沒有那麼簡單。

舉例來說，會要求金錢補償的，不一定全都是惡劣顧客，有時候只是因為顧客無法接受店家只有道歉的處理方法，這股不甘心的心情便轉變成「賠錢啊！」、「你打算用多少錢來解決？」等激烈的言語表現出來，其實他心裡並沒有想要金錢補償。

下列檢查清單是我自己經常使用的「**惡劣顧客判斷表**」。但是，請不要把它當成唯一的答案，因為惡劣顧客的判斷標準往往會隨著情況以及各企業的價值觀而有所差異。

惡劣顧客判斷表

□故意不透露自己的名字和地址（有時在電話裡會使用假名）。

□急著要應對者做出決定，例如：「你現在就給我決定！」

□遲遲不說出自己的要求。

□從「抱怨物品」到「抱怨人」，然後又繞回來「抱怨物品」，盡是針對一些小疏失找碴。

□一旦發現是店家或企業的錯，就會緊咬著不放，不停地恐嚇威脅。

□威脅要把事情放上網路或社群媒體，例如：「我要把事情散播出去，你們慘了！」

□不斷地針對個人責罵，試圖孤立對方。

□隱約可以感受到對方想要索討薪資損失賠償。

□說出「拿出你們的誠意來啊！」這樣的話。
□強迫應對者「開除他人」或「下跪道歉」。
＊若符合三項以上，便轉交給其他專員應對處理。

如果可以，最好的作法是店家或企業**制定一套流程，當第一線處理客訴的人員懷疑對方「可能是惡劣顧客」時，就交由專門處理惡劣顧客的人員來應對。**

惡劣顧客的三大類型

以現階段來說，還是有很多店家和企業沒有配置專門處理惡劣顧客的應對人員，第一線的應對人員必須自行判斷對方是否為惡劣顧客，並進一步做出處理。

既然如此，如果可以事先記住常見的幾種惡劣顧客類型，應該就能更輕易地做出判斷。

根據我自己的經驗，惡劣顧客大致可以分成三種類型。

第1類：藉由怒罵使應對者感到畏縮，以達成自己的要求的「鬥犬型」

第2類：透過溫和的措詞，不斷攻擊個人錯誤的「蛇型」

第3類：隨著應對者的回應，不斷改變策略的「劇本型」

第1類的**「鬥犬型」惡劣顧客會故意「大聲怒罵」**，以達成自己不合理的要求。這類型顧客跟不由自主地大聲咆哮的顧客很難區分，但由於其目的是為了要讓應對者感到畏縮，因此不論是同調的技巧還是超共感術，都完全發揮不了作用。**這一點就可以當作判斷對方是否為惡劣顧客的標準之一。**

第2類的**「蛇型」惡劣顧客通常會緊咬著小錯誤不停地責備**，並藉由「你們不怕我把事情放到社群網站上嗎？」、「萬一我去跟媒體爆料的話呢？」等說法，來讓應對者感到不安，擔心事情會愈鬧愈大。藉著**把「責任」推給店家或企業**來實現自己的要求。

第3類的**「劇本型」惡劣顧客大多是夫妻等多人一起找碴，每個人都有各自扮演的角色，一個個輪番上場罵人。**即使是獨自一個人，也會一下子表現出困擾的樣子，一下子又生氣罵人，一下子表示同情，讓應對者疲於應對，藉此達到自己的要求。

面對這類型的惡劣顧客，請做好長時間對峙的心理準備。

一旦確定對方就是惡質的惡劣顧客，該怎麼應對呢？

最重要的是店家或企業必須**事先決定好「遇到惡劣顧客時的應對措施」**，光靠應對者的現場判斷是無法成功應對的。

以下就讓我們來看看惡劣顧客常見的典型手法，以及應對的方法。

惡質客訴手法❶ 要求「金錢」賠償

每個人都會犯錯，倘若是店家或企業的錯誤造成顧客的困擾，除了道歉以外，根據對方損失的程度提供相對的金錢賠償，也是應該的。

但是，超出合理範圍的金額就不必了。在跟顧客進行協商時，如果發現對方暗示想要更多賠償金，應該如何應對呢？

針對這種情況，最重要的是平時就要先**制定一套規範，來規定萬一發生事故或糾紛時的賠償金範圍**。

以下的案例就是因為沒有制定相關規範，導致最後得支付更多不必要的金額。

案例14 原本一萬日圓的慰問金，最後支付了五十萬日圓

這是某家老字號旅館發生的事情。該旅館由於建物本身十分老舊，至今已經進行過好幾次擴建和改建，因此館內某些地方有高低差，造成一位前來住宿的孕婦不小心絆到而跌倒。

顧客把旅館經理叫來，問：「你知道這裡的地板有高低差嗎？」

「我知道。非常抱歉，我們現在立刻陪您到醫院治療。」

旅館經理打電話叫了救護車，並且陪同顧客一起到醫院就診。所幸孕婦本身沒有受傷，也沒有流產的跡象。眾人鬆了一口氣之後，正準備要回

旅館時，同行的孕婦的父親突然開始發飆。

「等一下！孩子沒有危險，你就想當作『沒事』，算了嗎？」

「抱歉、抱歉！」

經理趕緊聯絡旅館送來一個裡頭裝了一萬日圓慰問金的信封，但是這位父親完全沒有想要收下的意思，就這樣在醫院昏暗的候診室裡不停地飆罵，就連後來慰問金增加到三萬、十萬，甚至是三十萬，他一樣無動於衷，對信封連碰都不碰一下。

最後，當金額來到五十萬日圓時，他才終於收下慰問金說：「算了，這次就這樣吧。」

這個案例棘手的地方在於，沒辦法一開始就判定對方是惡劣顧客。雖然事後再回想，會覺得對方可能是為了要索討慰問金才跌倒，但是也沒有證據可以證明這一點。

最重要的是，就連這家人是否真的是父女關係，當時也無法確認。孕婦跌倒時，父親要求「叫你們經理過來」，這個舉動以身為父母的人來說，也是理所當然的反應。

旅館任由地板有高低差而不處理，這部分當然也有疏失。倘若被指控沒有做好預防措施，旅館也無法推卸責任。

類似這種平常可能發生的（可預期的）情形，只要事先決定好一般社會標準可以接受的慰問金金額，以及由誰來掌控支付的權限，就不會被惡劣顧客獅子大開口。當然，在制定金額時，最好先跟律師等專業人士討論過後再做決定。

假如案例中的旅館本身有一套作業疏失或犯錯的應對規範，應該就不至於會被索討五十萬日圓這麼龐大的金額了。

舉例來說，如果可以事先制定以下這樣的規範就好了。

「發生在館內的事故，且經判斷為公司過失時之慰問金」相關規定

〈診斷結果：三天內痊癒〉

慰問金一萬日圓。交通費和醫療費由公司支付。　＊權限／經理

〈診斷結果：一週內痊癒〉

慰問金三萬日圓。交通費和醫療費由公司支付。　＊權限／經理

〈診斷結果：需要定期回診，時間長達一週以上〉

慰問金五萬日圓。交通費和醫療費由公司支付。　＊權限／常務

〈診斷結果：需要住院〉

慰問金必須與律師和老闆討論過後再決定。　＊權限／常務

〈診斷結果：需要住院，另外要求薪資損失賠償〉

律師、老闆、常務一同討論過後，視情況處理。　＊權限／老闆

假設當時有這樣的規範作為依據，在醫院確定診斷結果時，就**可以在對方暗示要金錢之前先採取行動，送上一萬日圓的慰問金並誠心道歉：「這是我們公司的一點心意。」**

這麼一來，也許事情就不會演變成惡質客訴的情況。

假如對方嫌金額太少，可以跟對方解釋「我們公司規定的慰問金金額就是這

樣」。如果對方還是無法接受，就把錢收回來，告訴對方：**「我們只能依照公司規定的金額來支付，如果您無法接受這個金額，我們會再請律師跟您談。」**並且當場結束對話。之後發生任何事情，都交由律師來處理。

萬萬不能做的，就是針對金錢方面的特別待遇，因為萬一事情被傳開來，自己恐怕會成為其他惡劣顧客的目標。一旦有了前例，往後要拒絕就更難了。

總結來說，重點有以下列幾項：

- **事先決定好各種投訴情況相對應的「和解金上限」及「支付的權限者」。**
- **和解金必須在對方提出要求之前，先主動提供。**
- **當對方要求提高和解金時，應根據法律來應對（交由律師處理）。**

先設想萬一的情況並做好準備，在對方提出要求之前，先亮出籌碼及自己能做到的事情。這一點非常重要。

惡質客訴手法❷

威脅要「叫主管過來！」「叫老闆出來！」

很多時候，當顧客的要求無法得到滿足，就會開始發飆罵人，大聲嚷嚷著：「跟你說沒有用，叫你們老闆出來！」遇到這種情況，根據對方只是被激怒的一般顧客，或是惡劣顧客的故意威脅，應對方法會有所不同。

此時應對的基準，同樣也是事先決定好的處理客訴的規範。

如果顧客投訴的問題，是你被賦予的權限範圍內能夠處理的，就可以告訴對方：「**公司已經賦予我權限來處理這次的問題。剛剛跟您說的就是公司的規定，今天無論是主管或老闆出面，也會這麼處理，不會改變。**」然後觀察對方的反應。如果對方稍微息怒，而且看起來應該可以透過超共感術來處理，現場人員就可以直接負起責任繼續應對，直到問題解決為止。

如果看起來可以用超共感術來處理，但是已經超出自己的權限範圍的話，可以好好地聽取對方的訴求，再轉達給主管，由主管來處理。

舉例來說，假設有顧客在店裡受傷，如果公司規定「醫療費的支付為店長的權限，薪資損失則由總公司來決定」，一旦顧客要求薪資損失賠償，就必須請求總公司的決定。

這時候，應對方面也會交由總公司的相關負責部門來處理，因為**讓顧客直接**

跟有權限的部門對話，不僅能避免傳話過程產生誤解，也能加速問題的解決。

麻煩的是堅持「別囉唆，叫你們老闆出來就對了！」的情況。雖然你不好意思把對方當成惡劣顧客來處理，不過，高齡者的客訴很多都是這種情況。這種舉動通常是來自於某種扭曲的認同需求，也就是將「我認識你們公司上層的人」當成自己的地位象徵。

老闆出面處理之後，如果對方把「我認識〇〇公司的老闆」當成喝酒聊天的話題也就算了，但實際上，有很多案例都是：日後這些人只要遇到什麼問題，就會嚷嚷著：「叫你們老闆出來！他知道我是誰！」造成應對者在處理上的困擾。

如果你認為對方是惡質的惡劣顧客，可以像前文說的，改由客訴應對相關的專員來應對。假設要叫主管出面，也只限於跟投訴問題有直接相關的主管，否則你就要有心理準備，必須不斷地拒絕對方，直到對方放棄之前，都要堅持不請主管出面。

不要順從對方的要求而隨便讓主管出面應對，一定要依據規範來嚴格處理。

還有一種跟「叫主管出來」非常類似的，就是恐嚇女性員工說：「換個男的來跟我說！」

即便到了這個時代，還是有人會毫不隱藏地公開表現出男尊女卑的觀念，實在讓人驚訝。不過，這時候你還是要控制自己的情緒，告訴對方，自己就是負責處理問題的人。假如對方願意繼續對話，你就可以透過超共感術來應對。

但是，**倘若對方堅持要「換男生來應對」，那麼最明智的作法，就是盡快換男員工來代替自己。**

面對這種令人氣憤的要求，也許你心裡會想：「不管怎樣我就是不換人！」我瞭解這種心情，但請別忘了，這時候你最重要的工作是「化解客訴」，不如就告訴自己，「這個人根本還活在上個年代」，別把自己寶貴的時間浪費在對方身上。

另外，這類型的顧客不同於吵著「叫主管出來」的顧客，之後通常不會三番兩次來店裡找碴等製造麻煩，所以請放心。

惡質客訴手法❸ 強迫應對者「下跪道歉」

之前有一段時間，網路上連續出現好幾則把店員下跪道歉的照片放上網路，結果引發抨擊的案例。這種氣到叫店員下跪陪不是的顧客，以前當然也有，不過，這幾年似乎變得特別多。

實際上，來聽我的講座的學員，也有將近半數的人都表示，自己曾經因為覺得「如果能化解當下的情況，那也只能跪下了」，最後選擇下跪道歉。

當然，沒有人是心甘情願地下跪，也有人認為，「自己絕對不做這種尊嚴被踐踏的事情」。過去也發生過因為拒絕下跪而引發激烈爭吵的案例。

被顧客強迫下跪道歉時，到底要答應還是不要答應，這是個非常困難的問題。

因此，我建議店家或企業應該事先制定好相關規範。也就是說，**別把要不要下跪道歉交由員工自行決定，應該從店家或企業的立場，事先決定好該怎麼做。**

其中一個可以作為參考的案例是，二〇一三年服飾連鎖店「思夢樂」的顧客強迫店員下跪道歉，事後還將影片上傳到網路上。那位強迫店員下跪的顧客，後來被以強制罪逮捕。這個案例顯示了，以一些很小的問題為藉口來強迫他人下跪道歉，將可能構成強制罪。

當然，如果發生的是危及生命安全的意外事故，有時候確實會想藉由下跪來表達自己誠心的歉意，所以我不會說這樣做是不對的。

但基本上來說，餐廳或是零售店在一般待客上所發生的問題，應該都不至於嚴重到需要跟顧客下跪道歉。

公司應該事先制定好「不得答應顧客下跪道歉的要求」的規範，以超共感術來處理問題，必要時再道歉或提供慰問金。

如果顧客仍然堅持要求你要下跪道歉，你可以說：**「依照公司規定，我們不會再做進一步的應對，若是您無法接受，公司的客服專員會依法進行相關的應對處理。」**果斷地拒絕對方的要求。

惡質客訴手法❹

威脅「要把事情散播到社群媒體上」

有時候會遇到顧客威脅說：「我要把這段影片或聲音檔散播到社群媒體上。」這就是大家都知道的，近年來突然暴增的新型態惡質客訴。

面對這類客訴時，請用以下的方式直截了當地回應對方：

「關於您要如何運用您的影片或聲音檔，我們無權過問。但是，**一旦影片被放到社群媒體等網路上散播，根據所帶來的損害程度，我們將會依法進行必要的措施。**」

聽到這番話，大多數的惡劣顧客都會打消念頭。倘若對方仍將影片或聲音檔上傳至推特（X）等社群媒體，你就可以請律師要求對方將影片從網路上刪除。

但是，一旦事情發展到訴訟的地步，無論勝敗，都會耗費相當多的精力。為了避免走到這一步，自我保護的方法之一，就是在處理顧客問題時，你自己也要錄音存證。

偷偷錄音當然不行，你必須在一開始就先告知對方：**「為了正確記錄您的談話，在接下來的過程中我們將會錄音。」**然後再進行錄音。

如果顧客威嚇說：「為什麼要錄音？你們是什麼意思！」

你也可以回應對方：「錄音只是為了讓公司內部正確瞭解您的談話。」

實際上，大多數大型企業的電話客服中心在提供協助之前，也都會先告知顧客：「以下通話將進行錄音。」

顧客當然也會想要避免日後對自己不利的情況，自然會盡量避免口出惡言或找麻煩。

惡質客訴手法❺

被顧客叫去家裡道歉

「正常來說你們應該要來跟我道歉吧！」有時候，顧客會像這樣要求應對者到家裡或是事務所向他們道歉。

很多應對者都會想著「如果這樣做，顧客就會氣消的話……」而答應要求。但是，這種作法很有可能會讓情況變得更麻煩，必須謹慎應對才行。

以下就跟大家分享一個實際發生過的恐怖案例。

案例15 精心設計的圈套

某家小型連鎖零售店接到一通憤怒的投訴電話：「我在你們店裡買的東西有瑕疵，我要你們立刻換新的送來給我！」於是，負責處理的男員工馬上帶著新商品，急忙趕到顧客指定的事務所去。

那家事務所就位在一棟公寓內，門牌上的確寫著對方在電話裡說的事務所名稱。

應對者按了門鈴，前來應門的是一名女子。由於之前通電話的是個男子，所以應對者打算請女子代為轉交，沒想到對方卻說：「啊，你是指老闆吧！他快回來了，你先進來等吧。」說完後便邀請應對者進入房內。

「我不想拖太久……」雖然應對者心裡這麼想，但又擔心如果只把東西留下來就離開，萬一又被投訴就麻煩了，只好脫下鞋子進入房內，就這樣等了將近半個小時。

眼看老闆一直沒有回來，再繼續這樣等下去也不是辦法，所以他向那名女子說明了商品的情況並致歉，然後就離開了。

男員工一回到公司，發現門口停了一輛警車，正當疑惑發生了什麼事，就看到警察朝自己走過來，以「強暴」的罪名將他逮捕。當然，他根本沒有做這件事的印象。

根據警察的說法，是剛剛在事務所跟自己講話的那名看似員工的女子打電話報警的，她宣稱「自己被人從大門闖入，施以暴行」。

後來才知道，設下這個圈套的幕後黑手，就是競爭對手店家的店長。

雖然這種精心設計的案例很少見，但以下這類「事件」卻是頻頻發生。

- 應對者到顧客家道歉，結果卻被軟禁。
- 應對者帶著更換的新商品去找顧客，結果卻發現那裡是黑道組織的事務所。
- 對方拿著竹刀在家門口等，應對者一到就被要求下跪道歉。

既然如此，萬一顧客要求到家裡或是事務所道歉，這時候該怎麼辦呢？答案就是，一定要兩人以上結伴前往。你們可以事先討論好應對策略，例如，其中一人在門外等待，如果過了十分鐘以上，進去處理的人還沒出來，門外的人就要打手機給對方來確認情況。

基本上，**最好還是盡可能避免進到對方家裡或是事務所**。尤其是跟異性單獨相處的情況，為了自身安全，一定要盡量避免。

「不解決」也是一種解決辦法

到目前為止，我們已經看過惡質客訴的典型手法，以及各自的應對對策。

正如大家所看到的，如果對方是惡質的惡劣顧客，找出雙方的妥協點或是共識，都只是在白費力氣。

基本上，在確立了自家公司的處理規範之後，只有以下兩種應對方法。

① 中止交涉

放棄解決，中止交涉。

中止交涉的說法（範例）

「我們已經知道您的要求了，不過很遺憾的，我們無法答應，所以我們的討論就到此為止。」

「我們能做到的，都已經盡力做了，沒辦法再答應您更多的要求。今後如果因為您的行為造成我們的損失，我們將會採取法律行動。」

包括將負責的員工「開除」這種公司以外的人本來就不該插手的過分要求，都應該果斷拒絕，例如，你可以說：「**在我們公司，人事決策都是依照公司內部規定來進行的。**」

❷ 放著不處理

還有一種常見的情況是，我方沒有中止交涉，「但是**放著不處理，一陣子之後，對方就不再聯絡了**」。對惡劣顧客來說，放棄這一邊，把心力放在其他投訴上，效率可能還比較好吧。

這個作法跟中止交涉的不同之處是，你只需要告訴對方，無法答應他的要求，快速結束對話，之後就放著不管。萬一對方主動再次聯絡，你還是用一樣的方式來回應。

如果對方仍繼續提出不合理的要求，這時候，你可以交由公司的法務部門或律師等熟悉法律的專家來處理。當然，如果受到明顯的威脅或是暴力行為，一定要馬上報警。

相反的，面對惡劣顧客時絕對不能做的事情，就是開先例。

二〇一四年九月，在東京都足立區的一家餐廳，店長之前因為不斷被投訴，甚至還自掏腰包賠償對方，最後因為無力處理，便將對方給殺了。據報導指出，那名惡質的惡劣顧客本身只是一般的上班族。

原本是為了解決問題而付錢，結果卻讓自己陷得更深。所以，一旦遇到惡劣顧客，請盡快尋求主管或是法律專家的意見，千萬不要自己試圖解決。

無論是「惡劣企業客戶」還是「顧客」，應對方法都一樣

雖然不符合惡劣顧客的定義，不過承包商被客戶（總承包商）投訴的情況，

同樣也很棘手。

我的客戶有很多都是中小企業，實際上，我經常會被問到：「承包商到底要忍受總承包商的惡質投訴到什麼程度？」

案例如下。

案例16 承包商的悲哀

某家螺絲工廠接到客戶打來的電話。

客戶：「喂，我是○○機器的M。」

負責人員：「您好，感謝您平時的關照。」

客戶：「我說你呀，我不是說這次的螺絲要30號的嗎？為什麼你們送來的是32號？」

負責人員：「咦？當初的訂單是31號，但您後來打電話來說訂錯了，不是嗎？」

客戶：「沒錯，我那時候就說要改成30號啊。」

負責人員：「不是的，您是說32號。我這邊還留有當時寫的筆記。」

客戶：「你在說什麼啊？我怎麼可能訂32號！你又不是不知道我們是做什麼商品的。就算今天我們讓步，承認是我們搞錯，但確認訂單無誤難道不是你們的工作嗎？」

負責人員：「雖然你這麼說，可是你們以前也訂過好幾次32號……」

客戶：「你說的是我之前的同事吧！所以你的意思是之前那個人比我厲害囉？」

負責人員：「當然不是，我沒有那麼說……」

客戶：「不要說那麼多，總之，今天就是你們那邊出問題！現在害我們整條生產線大停擺，這個損失到時候會叫你們賠償。」

做錯的螺絲費用總計是一百萬日圓，但沒想到幾天之後，客戶竟然還要求賠償原本應該完成的商品費用共計一億日圓，以及生產線停擺三天的營業損失一千萬日圓。

後來，在老闆和主管連日登門拜訪，不斷道歉之下，最後以三百萬日圓的賠償金達成和解。

雖然事件就這樣告一段落，但是這憑白無故多出來的三百萬日圓的損失，讓負責人員有好長一段時間在公司裡的處境變得相當困難，因為大家都覺得「那傢伙害公司賠了三百萬」。

承包商要忍耐企業客戶的要求到何種程度，這是個非常困難的問題。若是拒絕接受要求，就必須要有跟對方撕破臉的心理準備。這樣的關係是不是跟什麼很像呢？沒錯，這就跟企業和顧客的關係一樣。

企業客戶提出的無理要求，就是所謂的「客訴」。因此，如果想跟對方保持良好關係，可以**透過超共感術，試著替客戶說出心情，在自己辦得到的能力範圍內，以提供商品或服務的方式，來取代對方的要求。**

然而，在企業客戶當中也存在著「惡劣顧客」，就像上述案例中的提出無理、不切實際要求的公司。

決定是否要跟這樣的惡劣企業客戶繼續合作，就跟面對一般惡劣顧客時的處理方式完全一樣，你很難期待對方會改正自己的行為。

在這個案例中也是如此，雖然最後透過支付三百萬日圓賠償金的方式，暫時得到了解決，但是對方公司或負責人員的惡劣顧客個性並沒有任何改變，日後再發生類似事件的機率，應該非常高。

雖然這麼說，但我的意思不是要大家現在立刻就跟對方斷絕往來。決定權還是在各家公司自己手上。

只不過，在做決定的時候，**可以試著從處理客訴的角度來重新思考，應該就會知道該不該繼續維持這段關係了。**

顧客當中，只要有一個麻煩的惡劣顧客，就足以讓應對者筋疲力盡了。如果對方是企業的話，肯定會更累人。為了保持第一線員工的成就感與服務品質，如何跟惡質的企業客戶應對，絕對是個不容忽視的問題。

超共感術可以給人帶來幸福

這幾年來，投訴的人和投訴的內容、場面等，都有了非常大的變化。如今就連一般的家庭主婦也可能變成惡質的惡劣顧客，相信以後也會有愈來愈多外國觀光客投訴的問題。

另一方面，現在對一般客訴的處理應對方法，幾乎跟二十年前完全一樣，沒有改變過。

對日本人來說，「顧客就是神」，他們相信只要傾聽顧客說話，保持笑容，做正確的說明，對方就會理解。

但是，我從來就不認為顧客是「神」，而是把他們當成「人」來尊重。因為是人，所以什麼類型都有，因此，**處理客訴時也必須隨著對方來調整方法。這也是**

超共感術在每一種客訴情況都能發揮效果的原因，因為它是藉由代替顧客說出感受，來讓對方點頭表示認同。

即便對方存在著錯誤或誤解，或是想法不一致，也不會將對方視為敵對者，而是建立雙贏的關係，這才是正確處理客訴的方式。

希望大家務必都要學會超共感術，讓它帶領你找到更多顧客的笑容，以及公司和你自己的成長。

完美應對客訴的超共感溝通術：
只要做對一件事，再棘手的客訴也能圓滿化解

役所窓口で 1 日 200 件を解決！指導企業 1000 社のすごいコンサルタントが教えている クレーム対応 最強の話しかた

作　　者——山下由美
譯　　者——賴郁婷
封面設計——江孟達
內文設計——劉好音
執行編輯——洪禎璐
責任編輯——劉文駿
行銷業務——王綬晨、邱紹溢、劉文雅
行銷企劃——黃羿潔
副總編輯——張海靜
總 編 輯——王思迅
發 行 人——蘇拾平
出　　版——如果出版
發　　行——大雁出版基地
地　　址——231030 新北市新店區北新路三段 207-3 號 5 樓
電　　話——（02）8913-1005
傳　　真——（02）8913-1056
讀者傳真服務—（02）8913-1056
讀者服務 E-mail— andbooks@andbooks.com.tw
劃撥帳號 19983379
戶　　名 大雁文化事業股份有限公司
出版日期 2025 年 2 月 初版
定　　價 360 元
I S B N 978-626-7498-69-9

國家圖書館出版品預行編目資料

完美應對客訴的超共感溝通術：只要做對一件事，再棘手的客訴也能圓滿化解／山下由美著；賴郁婷譯 . -- 初版 . -- 新北市：如果出版：大雁出版基地發行 , 2025.02
面；公分
譯自：役所窓口で 1 日 200 件を解決！指導企業 1000 社のすごいコンサルタントが教えている：クレーム対応最強の話しかた
ISBN 978-626-7498-69-9（平裝）

1. 顧客服務　2. 顧客關係管理

496.7　　113019699

如果